ENCYCLOPÉDIE

DES

TRAVAUX PUBLICS

Fondée par M. C. LECHALAS, Inspecteur général [illegible] des Ponts et Chaussées

Médaille d'or à l'Exposition universelle de 1889

COURS

DE

PONTS MÉTALLIQUES

PROFESSÉ A

L'ÉCOLE NATIONALE DES PONTS ET CHAUSSÉES

PAR

JEAN RÉSAL

INSPECTEUR GÉNÉRAL DES PONTS ET CHAUSSÉES

TOME II

Deuxième Fascicule. — Stabilité des ponts sous le passage des charges mobiles

Règlement ministériel français pour le calcul et les épreuves des ponts métalliques du 8 janvier 1915

PARIS ET LIÉGE

LIBRAIRIE POLYTECHNIQUE CH. BÉRANGER, ÉDITEUR

PARIS, 15, RUE DES SAINTS-PÈRES, 15

LIÉGE, 21, RUE DE LA RÉGENCE, 21

TOUS DROITS RÉSERVÉS

ENCYCLOPÉDIE DES TRAVAUX PUBLICS

Directeur : G. LECHALAS, Inspecteur général honoraire des Ponts et Chaussées, quai de la Bourse, 13, Rouen.

Volumes grand in-8°, avec de nombreuses figures.

Médaille d'or à l'Exposition universelle de 1889

OUVRAGES DE PROFESSEURS A L'ECOLE DES PONTS ET CHAUSSÉES

M. Bechmann. *Distributions d'eau et Assainissement.* 2e édit., 2 vol. à 20 fr., 40 fr. — *Cours d'hydraulique agricole et urbaine*, 1 vol. . . . . 20 fr.

M. Bricka. *Cours de chemins de fer de l'Ecole des ponts et chaussées.* 2 vol., 1343 pages et 464 figures . . . . 40 fr.

M. Colson. *Cours d'économie politique* (V. au dos de la couverture). Six livres, chacun . . . . 6 fr.

M. L. Durand-Claye. *Chimie appliquée à l'art de l'ingénieur*, en collaboration avec *MM. Derôme* et *Feret*, 2e édit. considérablement augmentée, 16 fr. — *Cours de routes de l'Ecole des ponts et chaussées*, 608 pages et 234 figures, 2e édit., 20 fr. — *Lever des plans et nivellement*, en collaboration avec *MM. Pelletan* et *Lallemand*, 2e édit. augmentée; 1 vol., 781 pages et 293 figures (cours des Ecoles des ponts et chaussées et des mines, etc.) 25 fr.

M. Flamant. *Mécanique générale* (*Cours de l'Ecole centrale*), 2e édition, augmentée, XII-620 pages, avec 205 figures, 20 fr. — *Stabilité des constructions et résistance des matériaux*. 3e édit., 674 pages, avec 252 figures, 25 fr. — *Hydraulique* (*Cours de l'Ecole des ponts et chaussées*), 1 volume, 3e édition augmentée, 2e tirage (Prix Montyon de mécanique). XVI-699 pages avec 141 figures (2e tirage) . . . . 25 fr.

M. Gariel. *Traite de physique*. 2 vol., 448 figures. . . . . 20 fr.

M. Heude. *Cours de routes et voies ferrées sur chaussées.* Leçons nouvelles complémentaires. 1 volume de 296 pages avec figures . . . . 10 fr.

M. Hirsch. *Cours de machines à vapeur et locomotives.* 1 vol. 510 pages, 314 fig . 18 fr.

M. F. Laroche. *Travaux maritimes.* 1 vol. de 490 pages, avec 116 figures et un atlas de 46 grandes planches, 40 fr. — *Ports maritimes.* 2 vol de 1006 pages, avec 524 figures et 2 atlas de 37 planches, double in-4° (*Cours de l'Ecole des ponts et chaussées*) . . 50 fr.

M. Limasset *Cours de routes et de Voies ferrées sur chaussées*, 1 vol. de 519 pages et de 81 fig. . . . . 20 fr.

M. F. B. de Mas, Inspecteur général des ponts et chaussées. *Rivières à courant libre*, 1 vol. 2e tirage, avec 97 figures ou planches, 17 fr. 50. — *Rivières canalisées.* 1 vol. avec 617 figures ou planches, 17 fr. 50. — *Canaux.* 1 vol. avec 190 figures ou planches . 17 fr. 50

M. Nivoit, Inspecteur général des mines : *Cours de géologie*, 2e édition, 1 vol. avec carte géologique de la France : 615 pages, 429 fig. et un tableau des formations géologiques de 7 pages . . . . 20 fr.

M. M. d'Ocagne. *Géométrie descriptive et Géométrie infinitésimale* (cours de l'Ecole des ponts et chaussées), 1 vol., 340 fig. . . . . 12 fr.

M. de Préaudeau, Inspect. général des P.-et-Ch., prof. à l'École nat. *Procédés généraux de construction. Travaux d'art.* Tome I. avec 508 fig. 20 fr. Tome II. avec 389 fig. 20 fr.

M. J. Résal. *Traité des Ponts en maçonnerie*, en collaboration avec *M. Degrand.* 2 vol., avec 600 figures, 40 fr. — *Traité des Ponts métalliques* 2 vol., avec 500 figures, 40 fr. — Le 1er volume des *Ponts métalliques* est à sa seconde édition (revue, corrigée et très augmentée). — *Constructions métalliques, élasticité et résistance des matériaux : fonte, fer et acier.* 1 vol. de 652 pages, avec 203 figures, 20 fr. — *Cours de ponts*, professé à l'École des ponts et chaussées : *Études générales et ponts en maçonnerie*, 1 vol. de 410 pages avec 284 figures, 14 fr. — *Cours de ponts métalliques*, tome I, 1 volume de 660 pages avec 375 figures, 20 fr ; tome II, 1er fasc., XVI-195 pages, 27 figures, 6 fr. — *Cours de Résistance des matériaux*, 120 figures, 16 fr. — *Cours de stabilité des constructions*, 240 figures, 20 fr. — *Poussée des terres et stabilité des murs de soutènement*, 1re et 2e partie. . . . . 10 et 15 fr.

OUVRAGES DE PROFESSEURS A L'ÉCOLE CENTRALE DES ARTS ET MANUFACTURES

M. Deharme. *Chemins de fer. Superstructure* ; première partie du cours de chemins de fer de l'École centrale. 1 vol. de 696 pages, avec 310 figures et 1 atlas de 73 grandes planches in-4° doubles (voir *Encyclopédie industrielle* pour la suite de ce cours). 50 fr. On vend séparément : *Texte*, 15 fr.; *Atlas*, 35 fr.

(*Voir la suite ci-après*)

ENCYCLOPÉDIE DES TRAVAUX PUBLICS

COURS DE PONTS MÉTALLIQUES

TOME II

Deuxième Fascicule

Tous les exemplaires de l'ouvrage de M. Jean Resal devront être revêtus de la signature de l'auteur.

ENCYCLOPÉDIE

DES

TRAVAUX PUBLICS

Fondée par **M.-C. LECHALAS**, Inspecteur général des Ponts et Chaussées

Médaille d'or à l'Exposition Universelle de 1889

COURS

DE

PONTS MÉTALLIQUES

PROFESSÉ A

L'ÉCOLE NATIONALE DES PONTS ET CHAUSSÉES

PAR

JEAN RÉSAL

INSPECTEUR GÉNÉRAL DES PONTS ET CHAUSSÉES

TOME II

DEUXIÈME FASCICULE. — **Stabilité des ponts sous le passage des charges mobiles Règlement ministériel français pour le calcul et les épreuves des ponts métalliques du 8 janvier 1915**

PARIS ET LIÈGE

LIBRAIRIE POLYTECHNIQUE CH. BÉRANGER, EDITEUR

PARIS, 15, RUE DES SAINTS-PÈRES, 15

LIÈGE, 21, RUE DE LA RÉGENCE, 21

—

TOUS DROITS RÉSERVÉS

STABILITÉ DES PONTS

SOUS LE PASSAGE DES CHARGES MOBILES

Règlement ministériel français pour le calcul et les épreuves des ponts métalliques du 8 Janvier 1915

AVANT-PROPOS

Les méthodes fournies par la Résistance des Matériaux pour le calcul des ponts métalliques supposent expressément que ces ouvrages sont en état d'équilibre statique sous les charges immobiles qui les sollicitent. Il n'est pas tenu compte de l'aggravation des efforts qu'entraînent les actions dynamiques dues au passage en vitesse des trains, aux cahots des voitures, à la marche cadencée des hommes et des animaux, enfin aux bourrasques de vent. L'expérience établit pourtant de façon très nette que ces actions ont sur la stabilité une influence appréciable, dont les effets se manifestent extérieurement par des mouvements vibratoires imprimés aux éléments des constructions métalliques. Après avoir éprouvé de ce chef certains mécomptes, et même subi des accidents parfois graves, force a été de reconnaître que l'on ne pouvait se dispenser de faire intervenir ce facteur dans la fixation des limites de sécurité.

Il semble que l'on ait opéré par empirisme et tâtonnements, en évaluant au juger les majorations d'efforts à compenser, et s'en remettant à l'avenir pour établir, d'après les résultats de l'expérience, ce que vaudraient les règles admises.

Ce n'est pas que l'on soit dépourvu, à cet égard, de matériaux fournis par l'observation directe. Les relevés graphiques des déplacements verticaux ou flèches d'abaissement, effectués au cours des épreuves des ponts métalliques, sont, en ce qui touche les vibrations élastiques, des documents précis, complets et irrécusables. Mais leur interprétation est une tâche ardue et compliquée, en ce que les phénomènes observés se rattachent à des causes multiples et diverses (1). Il n'est pas toujours facile de séparer les effets produits par ces causes, pour faire à chacune sa part, et discerner finalement la loi physique qui lui est applicable. Pour dissiper l'obscurité, il semblerait utile que l'observateur fût guidé dans ses investigations par quelques inductions théoriques.

Nous avons tenté de combler cette lacune de la Mécanique appliquée en abordant l'étude des mouvements vibratoires élastiques des barres et des poutres, envisagés dans leurs causes et dans leurs propriétés, en vue d'en déduire les effets produits sur les ponts métalliques par les surcharges mobiles ou variables. Il nous a paru que les résultats de nos calculs concordaient suffisamment avec les faits observés, et pourraient fournir une base rationnelle pour démêler leur fouillis, les classer et les analyser méthodiquement, puis finalement en tirer des conclusions claires, intéressantes et utiles.

(1) A titre d'exemple, nous signalerons que la vibration transversale d'une barre métallique, lorsqu'elle n'est pas due à une cause *extérieure*, choc, charge à variation rapide, peut être la résultante de plusieurs causes *intérieures* : flambement, — fouettement, — rigidité des assemblages, — excentricité des attaches, — réactions périodiquement variables d'autres pièces vibrantes de la construction, auxquelles elle est reliée, etc.

Ces recherches ont été entreprises à l'occasion d'un travail de révision du *Règlement ministériel français sur le calcul et les épreuves des ponts métalliques*, qui a conduit à édicter de nouvelles règles de sécurité, pour assurer la stabilité et la durée de ces ouvrages.

Les deux sujets étant intimement liés, il nous a paru opportun de faire suivre l'étude des mouvements vibratoires dans les ponts d'un commentaire sur le règlement lui-même.

Les qualités essentielles à exiger d'une instruction administrative portant sur des matières techniques, sont : la clarté, la simplicité et la concision. Or les problèmes pratiques, à résoudre par les Ingénieurs et les Constructeurs, offrent souvent une grande complexité, et sont subordonnés à des circonstances et à des conditions particulières qui peuvent varier à l'infini. On ne saurait espérer ni souhaiter que le règlement pût toujours fournir directement et de façon complète la solution convenant au cas envisagé, et dispensât ainsi le technicien de toute action personnelle. Il faudrait que le Ministre eût revêtu de sa signature un répertoire encyclopédique en plusieurs volumes, un *Corpus artis* traitant avec abondance *de omni re scibili*. Ce serait une erreur et une faute que de prétendre condenser dans un texte administratif les connaissances et les règles techniques que les professionnels à la hauteur de leur tâche doivent posséder et mettre en pratique.

Il convient donc d'observer consciencieusement les prescriptions et dispositions sanctionnées par l'Autorité, mais sous la réserve *exceptis excipiendis*. Un pareil document n'est pas un guide à suivre les yeux bandés, jusqu'à trébucher dans un fossé que le texte n'aura pas prévu. Il faut tâcher de le comprendre, et s'attacher au besoin à l'esprit dont il est imprégné plutôt qu'à la phrase imprimée.

On a prétendu que certains fonctionnaires, hypnotisés par la lettre des instructions générales de l'administration supérieure, jusqu'à respecter religieusement les contresens et les fautes d'orthographe qu'un expéditionnaire distrait aura pu glisser dans la copie, ne se préoccupent jamais de ce qui pourra s'en suivre, et se désintéressent du résultat final. Ils croiraient ainsi avoir accompli leur tâche de façon irréprochable et digne d'éloges, et s'applaudiraient d'avoir esquivé toute responsabilité personnelle, pour le cas où l'affaire viendrait à mal tourner. Ces automates, s'il en existe, confondent le moyen avec le but. Leur rôle n'est pas d'appliquer purement et simplement le règlement, mais bien de solutionner pour le mieux la question pendante par l'application du règlement, ce qui n'est pas la même chose. Une instruction administrative est un instrument ou un aide : ce n'est pas une fin. Manié par un ouvrier actif et habile, un outil, qui peut avoir certains défauts, fournira de bon travail. Entre les mains d'un paresseux, d'un maladroit ou d'un sot, il ne donnera rien qui vaille. Il y a la manière de s'en servir, qui n'est pas à la portée du premier venu, et peut exiger un certain effort d'intelligence, de volonté et de décision.

Au surplus, pour en revenir à notre sujet, la lecture du règlement sur les ponts métalliques indique nettement que l'Administration a entendu ne pas donner à ses instructions un caractère rigoureusement impératif et intransigeant. Elle a admis que dans certains cas il pourrait être apporté quelques tempéraments, et même de véritables dérogations, aux règles générales édictées en vue des circonstances habituelles. Son intention a été d'accorder aux Ingénieurs la latitude nécessaire pour que leur responsabilité demeurât entière, et pour que leurs fautes, lorsqu'elles présenteraient le caractère d'infractions aux règles de l'art, ne fussent pas couvertes par un texte ministériel. Le règlement ne prétend et ne peut en aucun cas rendre superflue l'intervention intelligente de l'homme de métier.

Que celui-ci fasse donc de son mieux, sauf bien entendu à signaler franchement, avec motifs à l'appui, les dérogations qui lui paraîtraient justifiées par les circonstances particulières du cas envisagé. Il est bien certain qu'une infraction clandestine et dissimulée aux prescriptions de l'autorité ne serait pas tolérée.

Il faut d'autre part reconnaître que les meilleurs règlements administratifs vieillissent rapidement. Figés dans leur texte, alors que la science et l'industrie ne cessent de se développer et de se transformer, ils demeurent en arrière et font échec à la loi du progrès. On continue néanmoins à les utiliser du mieux possible, en créant une jurisprudence qui permet de les assouplir et de les redresser. On retient de la sorte ce qu'ils renferment encore de judicieux et de moderne, sauf à délaisser ou corriger les dispositions reconnues défectueuses ou surannées. Mais il arrive un moment où cet expédient ne donne plus satisfaction. La rédaction ancienne doit être abandonnée, pour faire place à une autre mieux adaptée aux conditions nouvelles de l'activité humaine.

Telles sont les considérations qui nous ont guidé dans l'examen du Règlement sur les ponts métalliques. Nous nous sommes proposé de le faire bien comprendre, et de soustraire son application à tout malentendu, en exposant les motifs qui, actuellement, justifient ses principales dispositions, en tant que cette justification ne ressort pas nettement des *Commentaires explicatifs* et des *Instructions facultatives*, annexe officieuse du texte officiel.

Nous avons ajouté divers renseignements et procédés de calcul, susceptibles de simplifier et d'abréger la besogne de l'Ingénieur, mais dont le but principal est de rendre facile et rapide la vérification de son travail par un tiers.

Il nous a paru en outre que cette étude pourrait dans l'avenir rendre service aux techniciens, nos successeurs dans la profession, qui assumeront, dans quelques années, la tâche de reviser ce règlement devenu caduc, ou de lui en substituer un tout neuf.

Il n'est pas inutile, en pareil cas, de connaître les raisons, bonnes ou mauvaises, dont se sont inspirés les rédacteurs du texte condamné. On est en meilleure posture pour corriger les erreurs du passé, et l'on risque moins d'en commettre de nouvelles.

Note. — Comme exemple typique d'une application littérale, mais illogique, des instructions administratives, nous citerons le fait suivant, relatif à un projet de pont mixte livrant passage à une route et à une voie ferrée.

Dans les calculs de stabilité, effectués en conformité du précédent *Règlement français du 29 août* 1891, on avait envisagé la présence simultanée sur le tablier du pont : 1° d'un train de chemin de fer sur lequel le vent exerçait une pression de 150 kilogs par mètre carré (art. 5) ; 2° d'un convoi de chariots routiers, avec piétons entassés sur les trottoirs, sans vent (art. 18). C'est ce paradoxe d'un vent soufflant sur les uns et épargnant les autres qui a motivé le commentaire de l'article 40, dans le nouveau Règlement.

Il peut arriver que, dans un cas exceptionnel, deux dispositions réglementaires soient inconciliables. Il est bon de s'en apercevoir, afin d'éviter l'introduction dans les calculs de données contradictoires.

Comme le travail élastique dû aux changements de température est (art. 4) affecté du signe ±, il vient toujours en augmentation de la fatigue, tension ou compression, déterminée dans un élément quelconque de pont par la charge permanente et la surcharge d'épreuve. Mais supposons qu'ayant à dresser le projet d'une charpente de bâtiment, un Ingénieur distrait ait machinalement fait cette addition, suivant l'habitude et sans y regarder de plus près : il risquera d'énoncer un résultat impliquant la coexistence d'une charge de neige sur le toit du bâtiment avec une hausse thermométrique de 27° sur la température moyenne.

L'Administration s'est toujours réservé d'apprécier les circonstances exceptionnelles qui pourraient motiver des dérogations à ses règlements et cahiers des charges généraux, à ses instructions particulières et à ses décisions d'espèce. Cette disposition est parfaitement sage et très nécessaire. Si chacun pouvait, suivant sa fantaisie, en prendre à son aise avec les prescriptions de l'autorité, on tomberait dans le désordre et dans l'anarchie, au détriment des intérêts publics à desservir et au préjudice des finances de l'État.

Mais parmi les nécessités de force majeure, devant lesquelles on est bien forcé de s'incliner, en dépit de toute réglementation, il faut compter les cas d'urgence. Telle circonstance imprévue peut rendre indispensable une résolution immédiate. On n'a pas toujours le loisir d'attendre une autorisation, qui, même sollicitée par télégramme, arriverait trop tard. L'Ingénieur présent sur les lieux peut seul apprécier la situation, et doit prendre sans retard le parti qu'il aura jugé le meilleur. Certains esprits timorés ou indécis ne s'engagent pas volontiers dans cette voie. Tel, qui a toujours été tenu en lisières, se défie de son propre jugement et s'effraie à l'idée de franchir un pas difficile sans être conduit par la main. Tel autre ne se préoccupe que d'esquiver toute responsabilité, en se faisant couvrir par une décision venue d'en haut. On fait souvent valoir quelques motifs d'excuse pour ce sentiment égoïste et peu recommandable. Même si l'affaire tourne bien, il n'est pas bien sûr que l'on saura gré à l'Ingénieur de la liberté prise par lui à l'égard des instructions administratives : il est toujours facile de soutenir après coup que tant de précipitation n'était pas nécessaire, et que l'on eût pu, sans courir de risque, procéder régulièrement. Mais si la mesure prise d'urgence a été mal conçue ou mal exécutée, il y a grande chance pour que l'on en tienne rigueur à son malencontreux auteur, coupable de n'avoir pas fait preuve de l'infaillibilité exigible de quiconque fait acte d'initiative. Mais quoi ! Nul n'est forcé d'embrasser la carrière d'ingénieur, qui n'est pas de tout repos. Il ne suffit pas d'être instruit et capable, il faut encore avoir du caractère, savoir prendre ses responsabilités et supporter les conséquences de ses actes. Au surplus la veulerie et la pusillanimité ne sont pas des garanties absolues de sécurité et de tranquillité. Nous avons narré dans son temps la lamentable histoire des atermoiements et des tergiversations qui ont amené la première chute du pont de Québec, sur le Saint Laurent. L'Ingénieur résident chargé du montage, qui était réputé habile et expérimenté, n'a pas osé prendre sur lui de décider les mesures nécessitées par les circonstances, et de les mettre à exécution sans retard. Ses chefs, peu capables ou affaiblis par l'âge et les infirmités, qui habitaient au loin et ne se sont pas dérangés pour aller voir sur les lieux, ont perdu leur temps à de vaines palabres, sans parvenir à prendre une décision. Ils discutaient et délibéraient encore à l'heure où le pont s'effondrait. L'Ingénieur résident a péri dans la catastrophe, et c'est sur cette victime du devoir qu'on a prétendu rejeter toute la responsabilité, en blâmant publiquement son manque d'initiative. Cet exemple est bon à méditer. La maxime « Aide-toi, le ciel t'aidera » est encore au bout du compte la meilleure règle de conduite à suivre, pour le bien public et pour la sauvegarde personnelle.

CHAPITRE PREMIER

MOUVEMENTS VIBRATOIRES ÉLASTIQUES DANS LES BARRES ET LES POUTRES

SOMMAIRE :

§ 1. — Calcul de la période

1. — Vibration longitudinale.
2. — Vibration transversale.
3. — Barre encastrée à ses deux extrémités.
4. — Poutre d'égale résistance et de hauteur constante.
5. — Barre encastrée à une extrémité et libre à l'autre.
6. — Concentration du poids total en un point de la barre.
7. — Mouvement vibratoire d'une travée de pont.

§ 2. — Effets produits par l'action temporaire d'une surcharge instantanée, ou par une surcharge à variation rapide

8. — Surcharge uniforme appliquée, puis retirée instantanément.
9. — Surcharge concentrée en un point.
10. — Surcharge à variation rapide.
11. — Mouvement vibratoire dû à des impulsions renouvelées.
12. — Fouettement des barres.

§ 3. — Ecrouissage et rupture des barres métalliques

13. — Résistance vive.
14. — Mouvement vibratoire avec dépassement de la limite d'élasticité.
15. — Ecrouissage et rupture.
16. — Exemple numérique.

§ 4. — Mouvements vibratoires dans un système de barres solidaires

17. — Barres associées.
18. — Barre fixée sur deux poutres vibrantes.
19. — Vibrations principales et vibrations parasites.
20. — Synchronisation des mouvements vibratoires.
21. — Amortissement des vibrations.

CHAPITRE PREMIER

MOUVEMENTS VIBRATOIRES ÉLASTIQUES DANS LES BARRES ET LES POUTRES

---

§ 1er. — Calcul de la période

1. Vibration longitudinale. — Le mouvement vibratoire longitudinal d'une barre verticale à section constante, fixée à son extrémité supérieure O et libre à l'autre L, que l'on suppose chargée uniformément sur toute sa longueur, s'exprime par la formule d'EULER :

$$u = -f \sin \frac{\pi x}{2l} \cos \frac{2\pi t}{T}.$$

La demi-amplitude de la vibration, en un point défini par sa distance x à l'extrémité fixe O prise pour origine, a pour valeur $f \sin \frac{\pi x}{2l}$: elle est nulle en O, et égale à f en L.

Supposons que le mouvement vibratoire ait été causé par l'application instantanée d'une surcharge ql, répartie uniformément sur toute la longueur de la barre, comme la charge permanente pl.

Nous qualifierons d'*allongement dynamique* la valeur de

f correspondant à ce cas. On la calculera sans difficulté en appliquant le théorème des forces vives :

$$\int_0^l \int_0^{\frac{T}{4}} E\Omega \frac{d^2u}{dx^2} \cdot \frac{du}{dt} dx dt = \int_0^l \frac{q}{2} f \sin \frac{\pi x}{2l} dx.$$

On trouve : $$f = \frac{16}{\pi^3} \cdot \frac{ql^2}{E\Omega}.$$

La période T a pour expression, d'après EULER :

$$T = \sqrt{\frac{16(p+q)l^2}{E\Omega g}}.$$

Désignons par F l'allongement dynamique que produiraient ensemble la charge pl et la surcharge ql, si on les appliquait toutes deux sur la barre, simultanément et instantanément :

$$F = \frac{16}{\pi^3} \cdot \frac{(p+q)l^2}{E\Omega}.$$

En introduisant la quantité F dans l'expression de la période, on obtient la relation :

$$T = \sqrt{\frac{\pi^3}{g} F} = 1{,}78 \sqrt{F}.$$

La Résistance des Matériaux fournit, pour l'allongement élastique de la barre à l'état de repos, quand on lui applique progressivement la surcharge ql sans la faire vibrer, l'expression :

$$f = \frac{ql^2}{2E\Omega}.$$

Or le coefficient numérique $\frac{1}{2}$ diffère très peu de $\frac{16}{\pi^3}$.

On peut donc, sans commettre d'erreur appréciable, calculer la période T en substituant, dans la relation précédente, à l'allongement dynamique F ou $\frac{16}{\pi^3} \cdot \frac{(p+q)l^2}{E\Omega}$ l'allongement statique $\frac{(p+q)l^2}{2E\Omega}$, qui correspond au même poids $(p+q)l$.

Supposons que l'on concentre à l'extrémité libre L la charge permanente P et la surcharge Q, le poids propre de la barre étant considéré comme négligeable.

L'équation du mouvement vibratoire étant, à l'extrémité libre : $u = -f \cos \frac{2\pi t}{T}$, on déterminera la période en appliquant le théorème des forces vives, de $t = 0$ à $t = \frac{T}{4}$:

$$\frac{P+Q}{2g} \cdot \frac{4\pi^2}{T^2} = \frac{Qf}{2}.$$

D'où :

$$T = \sqrt{\frac{4\pi^2}{g} \frac{P+Q}{Q} f} = \sqrt{\frac{4\pi^2}{g} F} = 1{,}128 \sqrt{\frac{\pi^3}{g} F}.$$

Les allongements à considérer dans le cas présent seraient :
pour la surcharge Q seule,

$$f = \frac{Ql}{E\Omega};$$

et pour l'ensemble des poids :

$$F = \frac{(P+P)l}{E\Omega}.$$

2. Vibration transversale. — Considérons une barre horizontale OL à section constante, qui soit uniformément chargée sur toute sa longueur l, et simplement appuyée à chacune de ses extrémités. L'équation de son mouvement vibratoire est, d'après Euler :

$$u = -f \sin\frac{\pi x}{l} \cos\frac{2\pi t}{T}.$$

Supposons que le mouvement ait été déterminé par l'application instantanée d'une surcharge ql, répartie uniformément de O à L, comme la charge permanente pl. On obtiendra sans difficulté l'expression de f, demi-amplitude de la vibration dans la section médiane de la barre, que nous qualifierons de *flèche dynamique*, en appliquant le théorème des forces vives :

$$\int_0^l \int_0^{\frac{T}{4}} EI \frac{d^4u}{dx^4} \cdot \frac{du}{dx} dx dt = \int_0^l \frac{q}{2} f \sin\frac{\pi x}{l} dx.$$

On trouve :

$$f = \frac{4ql^4}{\pi^5 EI}.$$

La période T a pour expression, d'après EULER :

$$T = \sqrt{\frac{4(p+q)l^4}{\pi^2 EIg}}.$$

Désignons par F la flèche dynamique que l'on obtiendrait par l'application simultanée et instantanée de la charge pl et de la surcharge ql :

$$F = \frac{4(p+q)l^4}{\pi^5 EI}.$$

D'où, en introduisant cette quantité dans l'expression de la période :

$$T = \sqrt{\frac{\pi^3}{g} F}.$$

Nous retrouvons identiquement la relation déjà obtenue pour la vibration longitudinale.

La Résistance des Matériaux nous fournit la valeur suivante de la flèche statique que produirait le poids total $(p + q)l$ appliqué de façon progressive sur la barre, de façon à ne pas lui imprimer de mouvement vibratoire :

$$\frac{5}{384} \cdot \frac{(p+q)l^4}{\mathrm{EI}}.$$

Le facteur numérique $\frac{5}{384}$ diffère extrêmement peu de $\frac{4}{\pi^5}$, de sorte que l'on peut, sans commettre d'erreur appréciable, substituer la flèche statique à la flèche dynamique F, dans l'expression de la période T.

3. Barre encastrée à ses deux extrémités. — L'équation différentielle générale, établie par Euler, du mouvement vibratoire périodique d'une barre horizontale à section constante, uniformément chargée, est la suivante :

$$\mathrm{EI}\,\frac{d^4u}{dx^4} + \frac{\mathrm{P}}{g} \cdot \frac{d^2u}{dt^2} = 0.$$

On en déduit sans peine la formule suivante, pour le cas de la barre encastrée à ses deux extrémités :
$u = -\mathrm{A}f$

$$\left[e^{\alpha\frac{x}{l}} + e^{\alpha\left(1-\frac{x}{l}\right)} + (e^\alpha - 1)\sin\frac{\alpha x}{l} - (e^\alpha - 1)\cos\frac{\alpha x}{l}\right] \cos\frac{2\pi t}{\mathrm{T}}.$$

La lettre A désigne le coefficient numérique :

$$\frac{1}{2e^{\frac{\alpha}{2}} + (e^\alpha - 1\ \sin)\,\frac{\alpha}{2} - (e^\alpha - 1)\cos\frac{\alpha}{2}}.$$

L'angle α est défini par les conditions :

$$\text{Sin}\, \alpha = -\frac{e^{2\alpha} - 1}{e^{2\alpha} + 1}\, ; \cos \alpha = \frac{2e^{\alpha}}{e^{2\alpha} + 1}.$$

On en conclut : $\alpha = 271° 30''$.

La période a pour expression :

$$T = \sqrt{\frac{4\pi^2}{\alpha^4} \cdot \frac{(p+q)l^4}{EIg}}.$$

Nous avons déterminé la valeur de la flèche dynamique f, en appliquant, comme dans le cas précédent, le théorème des forces vives. Nous ne transcrirons pas ici son expression en fonction de l'angle α, qui est d'une extrême complication. Nous nous bornerons à signaler qu'en introduisant dans l'expression de la période la quantité $F = f \cdot \frac{p+q}{q}$, on retombe encore sur la formule :

$$T = \sqrt{\frac{\pi^3}{g}\, F}.$$

La Résistance des Matériaux fournit d'ailleurs, pour la flèche statique correspondant à la charge et à la surcharge $(p+q)l$, la valeur $\frac{1}{384} \frac{(p+q)l^4}{EI}$, qui diffère à peine de la flèche dynamique F.

Si on l'introduit dans l'expression de T, on trouve :

$$T = 0.988 \sqrt{\frac{\pi^3}{g} \cdot \frac{(p+q)l^4}{384\, EI}} = 0.988 \sqrt{\frac{\pi^3}{g} F}.$$

4. Poutre d'égale résistance et de hauteur constante. — L'intégrale générale de l'équation différentielle d'EULER, relative à la vibration pendulaire d'une barre à section constante, est de la forme :

$$u = -f\varphi(x) \cos \frac{2\pi t}{T}.$$

Nous avons énoncé les formes particulières de la fonction $\varphi(x)$ dans les deux cas de la poutre simplement appuyée et de la poutre encastrée à ses deux extrémités.

Supposons que nous nous donnions *a priori* cette fonction. Nous pourrons alors calculer la période par le théorème des forces vives, en envisageant la position de la barre qui correspond au quart de l'évolution :

$$\operatorname{Cos} \frac{2\pi t}{T} = 0, \text{ et } \operatorname{Sin} \frac{2\pi t}{T} = 1.$$

On a :

$$\frac{1}{2} mv^2 = \frac{p+q}{2g} \left(\frac{du}{dt}\right)^2 = \frac{4\pi^2}{T^2} \cdot \frac{p+q}{2g} f^2 \int_0^l \left(\varphi(x)\right)^2 dx,$$

et, d'autre part, en vertu du théorème des forces vives :

$$\frac{1}{2} mv^2 = \frac{q}{2} f \int_0^l \varphi(x) dx.$$

D'où :

$$T^2 = \frac{4\pi^2}{g} \cdot \frac{p+q}{q} f \frac{\int_0^l \left(\varphi(x)\right)^2 dx}{\int_0^l \varphi(x) dx} = \frac{4\pi^2}{g} F \frac{\int_0^l \left(\varphi(x)\right)^2 dx}{\int_0^l \varphi(x) dx}.$$

Appliquons cette méthode au cas de la poutre simplement appuyée à ses deux extrémités, en substituant à $f \varphi(x)$ l'expression de la ligne élastique fournie par la Résistance des Matériaux pour la pièce à l'état d'équilibre statique sous la charge totale $(p + q)l$.

Cette expression est :

$$y = \frac{p+q}{24 \text{ EI}} (x^4 - 2lx^3 + l^3x).$$

$$= \frac{5}{384 \text{ EI}} (p+q) l^4 \times \frac{16}{5} \left(\frac{x^4 - 2lx^3 + l^3x}{l^4}\right)$$

$$= F \times \frac{16}{5}\left(\frac{x^4 - 2lx^3 + l^3x}{l^4}\right).$$

Le rapport $\dfrac{\int_0^l \frac{y^2}{F^2}dx}{\int_0^l \frac{y}{F}dx}$, que nous allons substituer à

$$\frac{\int_0^l \left(\varphi(x)\right)^2 dx}{\int_0^l \varphi(x)dx},$$

a pour valeur numérique $\frac{496}{630}$.

D'où :

$$T = \frac{4\pi^2}{g} F \times \frac{496}{630} = \frac{\pi^2}{g} F \times 3,149.$$

On retombe presque identiquement sur la formule rigoureuse $\frac{\pi^2}{g}$ F.

Passons au cas de la barre encastrée à ses deux bouts.

L'équation de la ligne élastique fournie par la Résistance des Matériaux est :

$$y = \frac{p+q}{24\,EI} x^2 (l-x)^2 = \frac{(p+q)l^4}{384\,EI} \times \frac{16\,x^2(l-x)^2}{l^4}$$
$$= F \times \frac{16\,x^2(l-x)^2}{l^4}.$$

Le rapport $\dfrac{\int_0^l \frac{y^2}{F^2}dx}{\int_0^l \frac{y}{F}dx}$ a pour valeur numérique $\frac{240}{315}$.

D'où, en substituant dans l'expression de la période :

$$T^2 = \frac{4\pi^2}{g} F \times \frac{240}{315} = \frac{\pi T^2}{g} F \times 3.05.$$

La concordance avec l'expression $\frac{\pi^3}{g}$ F est encore suffisante.

Au lieu de $T = 1,78\sqrt{F}$, on aurait $T = 1.75\sqrt{F}$. L'écart est négligeable (1).

Passons maintenant au cas de la poutre d'égale résistance et de hauteur constante. Le moment d'inertie I étant une fonction de x, nous n'avons pas cherché à intégrer l'équation différentielle du mouvement. Mais nous nous jugeons autorisé par les exemples précédents à substituer à la fonction inconnue $\varphi(x)$ l'expression de la ligne élastique fournie par la Résistance des Matériaux, soit :

$$y = \frac{R}{Eh}x(l-x) = \frac{Rl^2}{4Eh} \cdot \frac{4x(l-x)}{l^2} = F \times \frac{4x(l-x)}{l^2}.$$

Le rapport $\frac{\int_0^l \frac{y^2}{F^2}dx}{\int_0^l \frac{y}{F}dx}$ a pour valeur numérique $\frac{4}{5}$. D'où.

(1) Il est à remarquer qu'on aboutit à la même conclusion en appliquant cette méthode approximative au cas de la vibration longitudinale traité dans l'article 1.

D'après la Résistance des Matériaux, l'expression $\frac{y}{F}$, à substituer à la fonction $\sin\frac{\pi x}{2l}$, est :

$$\frac{y}{F} = \frac{x(2l-x)}{l^2}.$$

Le rapport $\frac{\int_0^l \frac{y^2}{F^2}dx}{\int_0^l \frac{y}{F}dx}$ a pour valeur numérique $\frac{4}{5}$.

D'où, en substituant dans la période :

$$T^2 = \frac{4\pi^2}{g}F \times \frac{4}{5} = \frac{\pi^2}{g}F \times 3,2,$$

résultat très voisin de $\frac{\pi^3}{g}$F.

en substituant dans l'expression de la période :

$$T^2 = \frac{4\pi^2}{g} F \times \frac{4}{5} = \frac{\pi^2}{g} F \times 3,2.$$

L'erreur commise en calculant T par la formule $\sqrt{\frac{\pi^3}{g} F}$, où l'on introduirait la flèche statique relative à la charge totale $(p + q)l$, serait inférieure à $\frac{1}{100}$.

Il est assez intéressant de constater que dans les divers problèmes traités jusqu'ici, nous sommes toujours retombé sur la même expression de la période :

$$\sqrt{\frac{\pi^3}{g} F}.$$

5. Barre encastrée à une extrémité et libre à l'autre. — On déduit de l'équation différentielle d'Euler l'expression suivante du mouvement vibratoire d'une barre à section constante uniformément chargée :

$$u = -M \left(\frac{e^{\alpha \frac{x}{l}} - \cos \frac{\alpha x}{l} - \sin \alpha \frac{x}{l}}{e^{\alpha} + \cos \alpha + \sin \alpha} - \frac{e^{-\alpha \frac{x}{l}} - \cos \alpha \frac{x}{l} + \sin \alpha \frac{x}{l}}{e^{-\alpha} + \cos \alpha - \sin \alpha} \right) \cos \frac{2\pi t}{T}.$$

M est un facteur numérique déterminé par la condition que u soit égal à la flèche dynamique de l'extrémité libre, pour $t = \frac{T}{2}$ et $x = l$.

L'angle α est défini par les relations :

$$\cos \alpha = - \frac{2e^{\alpha}}{e^{2\alpha} + 1};$$

$$\text{Sin } \alpha = \frac{e^{2\alpha} - 1}{e^{2\alpha} + 1} .$$

D'où : $\alpha = 107° 26' 10''$.

La période T a toujours pour expression :

$$T = \sqrt{\frac{4\pi^2}{\alpha^4} \cdot \frac{(p+q)l^4}{EIg}}.$$

En appliquant le théorème des forces vives, on déterminera la flèche dynamique, dont nous nous abstiendrons de transcrire l'expression en fonction de l'angle α, parce qu'elle est très compliquée. Nous nous bornerons à signaler que cette valeur ne diffère que dans une mesure négligeable de celle $\frac{ql^4}{8EI}$ que fournit la Résistance des Matériaux pour le cas de la surcharge statique ql.

Si on l'introduit dans l'expression de T, en remplaçant l'angle α par sa valeur numérique, on trouve :

$$T = 0.9 \sqrt{\frac{\pi^3}{g} \cdot \frac{p+q}{q} \cdot \frac{ql^4}{8EI}} = 0,9 \sqrt{\frac{\pi^3}{g} F}.$$

On peut d'ailleurs recourir à la méthode approximative exposée dans l'article précédent, en substituant à la fonction de x, qui figure dans l'équation ci-dessus du mouvement vibratoire, l'équation de la ligne élastique fournie par la Résistance des Matériaux, pour le cas de la poutre en console uniformément chargée.

$$y = \frac{p+q}{24EI} x^2 (x^2 - 4lx + 6l^2)$$

$$= \frac{3(p+q)l^4}{24EI} \times \frac{x^2(x^2 - 4lx + 6l^2)}{3l^4}$$

$$= F \times \frac{x^2(x^2 - 4lx + 6l^2)}{3l^4}.$$

Le rapport $\frac{\int_0^l \frac{y^2}{F^2} dx}{\int_0^l \frac{y}{F} dx}$ a pour valeur numérique $\frac{17.472}{68.040}$.

D'où :

$$T^2 = \frac{4\pi^2}{g} F \times \frac{17.472}{68.040} = \frac{\pi^2}{g} F \times 0,8175.$$

et enfin
$$T = 0,9 \sqrt{\frac{\pi^2}{g} F}.$$

C'est précisément le résultat déjà fourni par la méthode rigoureuse.

6. Concentration du poids total en un point de la barre. — Supposons que la charge permanente P et la surcharge Q soient concentrées en un même point de la barre, dont le poids propre sera considéré comme négligeable.

On trouvera, comme dans le cas traité à l'article 1 de la vibration longitudinale, que la période a pour expression :

$$T = \sqrt{\frac{4\pi^2}{g} F'},$$

en désignant par F' le déplacement élastique vertical produit par les poids P et Q en leur point commun d'application.

Si l'on voulait rapporter la période à la flèche F calculée pour la section médiane, il faudrait remplacer le facteur numérique $\frac{4\pi^2}{g}$ par $\frac{4\pi^2}{g} \cdot \frac{F'}{F}$, variable avec la position du point de concentration des poids.

Pour la barre à section constante simplement appuyée

à ses deux extrémités, le rapport $\frac{F'}{F}$ serait égal à $\frac{16x(l-x)^2}{l(3l^2-4x^2)}$, en désignant par x l'abscisse du point d'application du poids.

Le coefficient numérique de F, dans l'expression de la période, qui est égal à $\frac{4\pi^2}{g}$ quand les poids sont concentrés dans la section médiane, irait en décroissant au fur et à mesure que l'on s'en écarterait, l'abscisse x se rapprochant de o ou de l. Il deviendrait égal à $\frac{\pi^2}{g}$ pour $x=0,23\,l$ ou $x=0,77,l$ et tendrait vers zéro dans le voisinage immédiat de chaque appui.

7. Mouvement vibratoire d'une travée de pont. — Considérons le cas d'une poutre continue entre les deux supports de la travée. Nous nous croyons autorisé par les résultats obtenus dans les calculs précédents, à proposer la règle suivante pour l'évaluation de la période.

Après avoir établi, par les procédés de la Résistance des Matériaux, l'expression algébrique de la ligne élastique correspondant à la charge permanente et à la surcharge envisagées, ou bien après avoir tracé cette courbe par points, au moyen d'un calcul numérique ou d'une construction graphique, on déterminera la valeur du rapport $K=\frac{\int_0^l \frac{y^2}{F^2}dx}{\int_0^l \frac{y}{F}dx}$, par intégration directe ou par quadrature.

La valeur de la période sera fournie par la relation :

$$T=\sqrt{\frac{4\pi^2}{g}F\times K}.$$

Il est d'ailleurs présumable qu'en général les calculs assez longs que pourrait entrainer cette méthode seraient en fait sans utilité réelle. Il arrive presque toujours que le mode de distribution de la charge et de la surcharge ne s'écarte pas beaucoup de la répartition uniforme. S'il en est ainsi, la valeur trouvée pour le facteur numérique K ne différera guère de $\frac{\pi}{4}$.

Il sera donc plus simple d'appliquer immédiatement la règle $T = \sqrt{\frac{\pi^2}{g} F}$, sans s'attacher à une précision illusoire, parce que le calcul de la flèche médiane F n'est jamais qu'approximatif.

Si un pont comporte une série de travées solidaires, pour lesquelles les périodes ainsi calculées soient sensiblement différentes, le problème à résoudre sera plus compliqué : les vibrations des travées successives, n'étant pas synchrones, réagiront les unes sur les autres, et se troubleront mutuellement. Nous reviendrons plus tard sur ce sujet.

Il en serait de même pour une poutre discontinue, formée de tronçons articulés bout à bout, ce qui est le cas du pont du type *cantilever*. Si la période vibratoire d'un tronçon diffère de celles des parties qui l'encadrent, il se produira dans les articulations de jonction des réactions mutuelles variables, qui altéreront le mouvement propre de chaque élément. Les vibrations ne pourront plus être rigoureusement périodiques.

La méthode de calcul exposée ci-dessus ne fournira donc, pour un tronçon déterminé, qu'une valeur moyenne de sa période, qui variera avec le temps, sous l'influence perturbatrice des tronçons voisins, animés de mouvements discordants.

§ 2. — Effets produits par l'action temporaire d'une surcharge instantanée, ou par une surcharge à variation rapide.

8. Surcharge uniforme appliquée, puis retirée instantanément. — Nous rapporterons les déplacements verticaux y à la position d'équilibre statique qu'occupait la poutre, sous la charge permanente, avant que l'on introduisît la surcharge.

Le mouvement vibratoire, dû à l'application instantanée de la surcharge uniforme ql, a pour équation :

$$y = f\varphi(x)\left(1 - \cos\frac{2\pi t}{T}\right).$$

La période est : $T = \sqrt{\frac{\pi^3}{g} \cdot \frac{p+q}{q} f}$.

Au bout du temps θ, le déplacement et la vitesse ont les valeurs suivantes :

$$b = f\varphi(x)\left(1 - \cos\frac{2\pi\theta}{T}\right) = 2f\varphi(x) \sin^2\frac{\pi\theta}{T};$$

$$c = f\varphi(x)\frac{2\pi}{T}\sin\frac{2\pi\theta}{T}.$$

A ce moment, on retire instantanément la surcharge, d'où résulte une nouvelle action dynamique, dont nous allons évaluer l'effet.

La vibration se poursuit en vertu de l'énergie, cinétique et potentielle, emmagasinée dans la barre. Mais, comme la masse en mouvement se trouve réduite à celle de la charge permanente, soit $\frac{pl}{g}$, la période se modifie et devient :

$$T' = T\sqrt{\frac{p}{p+q}}.$$

Il y a décalage de la vibration dans l'espace : la position moyenne de la barre vibrante est devenue, par suite de son allègement, celle-là même qu'elle occupait, sous l'influence statique de la charge permanente, avant l'introduction de la surcharge.

Il y a eu également décalage dans le temps, dont l'origine s'est déplacée de la quantité τ, qui est une inconnue du problème. La seconde inconnue est la demi-amplitude f' du déplacement périodique.

En définitive, l'équation du mouvement est, pour cette seconde phase :

$$y' = -f'\varphi(x)\cos\frac{2\pi(t+\tau)}{T'}.$$

Nous déterminerons les inconnues f' et τ en écrivant que pour $t = 0$, on a : $y' = b$ et $\frac{dy'}{dt} = c$, soit :

$$-f'\varphi(x)\cos\frac{2\pi(0+\tau)}{T'} = 2f\varphi(x)\sin^2\frac{\pi\theta}{T} ;$$

$$f'\varphi(x)\frac{2\pi}{T'}\sin\frac{2\pi(0+\tau)}{T'} = f\varphi(x)\frac{2\pi}{T}\sin\frac{2\pi\theta}{T}.$$

D'où l'on tire :

$$\operatorname{tg} 2\pi\frac{(0+\tau)}{T'} = -\frac{T'}{T}\operatorname{cotg}\frac{\pi\theta}{T} = -\sqrt{\frac{p}{p+q}}\operatorname{cotg}\frac{\pi\theta}{T} ;$$

$$f'^2 = 4f^2\sin^4\frac{\pi\theta}{T} + \frac{4T'^2}{T^2}\sin^2\frac{\pi\theta}{T}\cos^2\frac{\pi\theta}{T} ;$$

$$f' = 2f\sin^2\frac{\pi\theta}{T}\sqrt{1 + \frac{p}{p+q}\operatorname{cotg}^2\frac{\pi\theta}{T}}.$$

Ces résultats sont indépendants de la fonction $\varphi(x)$.

Leur examen suggère les remarques suivantes :

Si l'on a $\theta = nT$, f' est nul. Le mouvement vibratoire s'arrête après le retrait de la surcharge. Les deux actions dynamiques successives, s'exerçant en sens contraires, se sont exactement compensées.

Pour $\theta = (2n + 1)\frac{T}{2}$, f' est égal à $2f$. L'abaissement vertical maximum, à partir de la position d'équilibre initiale, est le même dans les deux phases. Mais comme, au cours de la seconde vibration, la barre se relève de f' au-dessus de cette position initiale, toutes les fois que l'on a $t + \tau = 2nT$, l'amplitude dans la seconde phase est $4f$. Les effets égaux, produits par les deux actions dynamiques successives, se sont ajoutés : l'énergie du mouvement a été doublée.

Pour $nT < \theta < (2n + 1)\frac{T}{2}$, l'abaissement vertical f' dans la seconde phase est compris entre 0 et $2f$.

Soit $\theta < \frac{T}{2}$. On a : $f' > 2f \sin^2 \frac{\pi\theta}{T}$. La barre continue à descendre, en vertu de la vitesse acquise, après disparition de la surcharge, jusqu'à ce que l'on ait : $\theta + \tau = \frac{T'}{2}$ et $y' = f'$. La barre s'arrête alors avant de remonter.

On voit qu'en ce cas la fatigue du métal, toujours proportionnelle au déplacement, continue à croître après l'allégement. Si la surcharge est considérable, il peut se faire que la rupture survienne après son enlèvement.

Supposons maintenant que la durée d'application θ soit assez courte pour que l'on puisse remplacer

$$\sin^2 \frac{\pi\theta}{T} \text{ par } \frac{\pi^2\theta^2}{T^2} \text{ et } \cos^2 \frac{\pi\theta}{T} \text{ par l'unité.}$$

On peut alors écrire :

$$b = \frac{2g}{\pi} \varphi(x)\theta^2 \frac{q}{p + q};$$

$$c = \frac{4g}{\pi} \varphi(x)\theta \frac{q}{p + q}.$$

Considérons, à titre d'exemple, le cas de la barre à section constante simplement appuyée à ses deux extrémités, ce qui conduit à remplacer $\varphi(x)$ par $\sin \frac{\pi x}{l}$.

Le déplacement vertical moyen et la vitesse moyenne au bout du temps θ, pour l'ensemble de la barre, s'obtiendront en effectuant les intégrales définies $\frac{1}{l}\int_0^l b dx$ et $\frac{1}{l}\int_0^l c dx$.

On trouve :

$$b' = \frac{2}{\pi} b = \frac{4}{\pi^2} g\theta^2 \times \frac{q}{p+q};$$

$$c' = \frac{2}{\pi} c = \frac{8}{\pi^2} g\theta \times \frac{q}{p+q}.$$

Or $\frac{4}{\pi^2}$ diffère très peu de $\frac{1}{2}$, et $\frac{8}{\pi^2}$ de l'unité.

Le mouvement est donc, dans la première phase, à peu près celui de la chute libre, suivant les lois de la pesanteur, de la surcharge ql entraînant avec elle la masse $\frac{pl}{g}$ de la charge permanente.

On a en ce cas :

$$\theta + \tau = \frac{T'}{4},$$

et

$$f'^2 = \left(\frac{2}{\pi} g\theta^2 \frac{q}{p+q}\right)^2 + \frac{T'^2}{4\pi^2}\left(\frac{4}{\pi} g\theta \frac{q}{p+q}\right)^2.$$

Si l'on suppose la charge permanente p négligeable devant la surcharge q, la quantité f'^2 tend vers la limite

$$\left(\frac{2}{\pi} g\theta^2\right)^2 + \frac{T'^2}{4\pi^2}\left(\frac{4}{\pi} g\theta\right)^2.$$

Or, on peut toujours attribuer à θ une valeur assez petite pour que f' soit inférieur à une quantité donnée.

Nous en conclurons que, quelles que soient la résistance et la rigidité d'une barre, on pourra toujours lui appliquer une surcharge instantanée infinie, à répartition uniforme, sans provoquer sa rupture, et même sans faire travailler le métal au delà d'un taux fixé arbitrairement, à la seule condition de réduire suffisamment la durée d'application θ.

Prenons pour exemple une lame d'acier trempé susceptible de se rompre sous une surcharge statique de 100 kilogs avec une flèche de trois centimètres. Elle ne sera pas cassée par un marteau pilon pesant 100 tonnes ou davantage, si, après avoir amené celui-ci sans vitesse au contact de la lame, on arrête sa chute après $\frac{1}{15}$ de seconde.

9. Surcharge concentrée en un point. — Supposons que la charge permanente P et la surcharge Q soient concentrées au même point de la barre. Nous ne recommencerons pas les calculs de l'article précédent : nous retomberions identiquement sur les mêmes formules et les mêmes conclusions.

Si la durée d'application de la surcharge instantanée est très petite, le déplacement et la vitesse, à l'expiration du temps θ, seront :

$$b = f.\frac{2\pi^2\theta^2}{T^2};$$

$$c = f.\frac{4\pi^2\theta}{T^2}.$$

Or on a dans le cas présent :

$$T^2 = 4\pi^2 f.\frac{P+Q}{Q}.$$

D'où ;

$$b = \frac{1}{2}g\theta^2\frac{Q}{P+Q}.$$

et

$$c = g\theta \frac{Q}{P + Q}.$$

La surcharge Q tombe donc en chute libre, en entraînant la masse additionnelle $\frac{P}{g}$, suivant les lois de la pesanteur.

D'après la Résistance des Matériaux, un poids Q appliqué à la distance x d'un appui d'une travée indépendante développe en ce point un moment fléchissant représenté par $\frac{Qx(l-x)}{l}$; la flèche d'abaissement au même point est $\frac{Q}{3EIl} x^2(l-x)^2$.

On en conclura que le poids total de *rupture* est minimum quand on l'applique au milieu de la portée, et va croissant dans le rapport $\frac{l^2}{4x(l-x)}$ au fur et à mesure que l'on se rapproche d'un appui.

Au contraire la flèche de *rupture* décroît dans le rapport inverse $\frac{4x(l-x)}{l^2}$.

Si la pièce vibre, la période, proportionnelle à la racine carrée de la flèche, dépendra du rapport :

$$\sqrt{\frac{4x(l-x)}{l^2}}.$$

Nous allons rechercher comment peut varier, avec l'abcisse x et la durée d'application θ, la surcharge instantanée susceptible de provoquer la rupture.

Sans entrer dans le détail de la discussion, nous nous bornerons à énoncer les conclusions suivantes, qui se dégagent immédiatement des remarques précédentes.

La surcharge instantanée de rupture est la moitié de la surcharge statique de rupture tant que la durée θ est supérieure à la moitié de la période : elle varie donc comme le rapport $\frac{l^2}{4x(l-x)}$, et atteint son minimum dans la section médiane, pour laquelle, au contraire, la période est maximum.

Si θ descend, pour cette section médiane, au-dessous de $\frac{T}{2}$, la surcharge de rupture se relève. Mais il n'en est pas encore de même pour une section voisine, dont la période est plus courte. Cette croissance progressive de la surcharge se manifeste donc en premier lieu au milieu de la travée, puis gagne successivement de part et d'autre, au fur et à mesure que la durée θ devient inférieure à la demi-période pour chaque section successivement considérée. Mais comme elle débute d'autant plus tôt et est d'autant plus rapide que l'abcisse x est plus voisine de $\frac{l}{2}$, il vient un moment où la surcharge de rupture est plus grande pour la section médiane que pour toute autre, et diminue au fur et à mesure que l'on se rapproche d'un appui.

Pour une valeur suffisamment petite de θ, une surcharge infinie n'est plus capable de rompre la barre. si on l'applique en son milieu. Puis la région, où la rupture ne peut plus être obtenue, s'étend progressivement. Toutefois, quelque réduite que soit la durée θ, on pourra toujours casser la pièce, en surchargeant une section transversale assez rapprochée d'un appui.

A titre d'exemple, considérons une barre dont la charge permanente soit négligeable. Soit Q la surcharge instantanée de rupture dans la section médiane, et T la période correspondante.

Pour les sections définies par les abscisses $x=\frac{l}{10}$ et $x=\frac{9l}{10}$, la surcharge de rupture sera $\frac{Q}{0.36}$ et la période correspondante 0,6 T.

La surcharge de rupture se relèvera pour la section médiane dès que l'on aura : $\theta < \frac{T}{2}$. Mais le même phénomène ne se manifestera dans les sections latérales que lorsque θ sera descendu au-dessous de $\frac{0,6\ T}{2}$: à ce moment, la surcharge de rupture $\frac{Q}{0,36}$ et sa durée minimum d'application $\frac{0,6\ T}{2}$ seront les mêmes pour les trois sections.

Si θ continue à diminuer, la surcharge de rupture de la section médiane sera supérieure à celle des sections latérales.

Enfin, si nous désignons par θ' la durée limite au-dessous de laquelle une surcharge infinie, appliquée au droit de la section médiane, n'entraînerait pas la rupture, cette durée critique ne sera pour les sections latérales que de $0,6\ \theta'$. Elle se trouverait réduite à $0,063\ \theta'$ si l'on avait pris $x = 0,001\ l$.

Pour en revenir à l'exemple de l'article précédent, le marteau pilon de 100 tonnes pourra toujours casser la lame d'acier dont la surcharge de rupture, appliquée en son milieu, est de 100 k., si l'on rapproche suffisamment d'un appui son point de contact avec la pièce, alors même que la durée θ de la chute libre tendrait vers zéro.

Il doit être entendu que les propositions énoncées ci-dessus visent le cas hypothétique d'une barre parfaitement élastique jusqu'à rupture, c'est-à-dire dont la flèche statique croîtrait toujours proportionnellement à la surcharge. Nous verrons plus tard les conséquences qu'entraîne la ductilité du métal, qui se manifeste par une croissance plus rapide de la flèche, avec apparition d'une déformation permanente, dès que la limite d'élasticité est dépassée.

10. Surcharge à variation rapide. — L'application instantanée, sans vitesse initiale et par suite sans choc, d'une surcharge sur une barre horizontale est pratiquement irréalisable. En fait, il s'écoule toujours un certain délai, qui peut être très court, durant lequel la surcharge croît depuis zéro jusqu'à sa valeur finale.

Dans la recherche des effets produits par une surcharge à progression rapide, nous serons obligé, pour ne pas compliquer les calculs, de négliger la variation de la période, que l'on sait être proportionnelle à la racine carrée de la masse en mouvement.

Cette simplification est d'ailleurs sans inconvénient. On remarquera en effet que si, pour plus de rigueur, nous avons précédemment tenu compte de cette variation de la période dans la recherche des effets produits par une surcharge instantanée, nous aurions pu nous en dispenser, sans qu'il en résultât aucun changement dans les résultats obtenus, ainsi que dans les conclusions qui en ont été déduites.

Considérons le cas d'une surcharge uniforme que l'on appliquerait graduellement pendant le temps θ, de façon qu'à *un moment quelconque le poids* χ par mètre courant porté par la barre eût pour expression :

$$\chi = \frac{q}{2}\left(1 - \cos\frac{\pi t}{\theta}\right).$$

D'où :

$$\frac{d\chi}{dt} = \frac{q\pi}{2\theta}\sin\frac{\pi t}{\theta}.$$

La surcharge conservera ensuite sa valeur finale q pendant une durée indéfinie.

Le mouvement comportera deux phases successives, dont la première prendra fin avec le délai θ, quand le chargement sera complet.

Les équations seront les suivantes ;

Première phase :

$$o \leqslant t \leqslant \theta;$$

(1) $$y_1 = \frac{f}{q}\int_o^t \left(1 - \cos\frac{2\pi(t-z)}{T}\right)\frac{\delta\chi}{dz}dz$$

$$= \frac{f}{2}\left(1 - \cos\frac{\pi t}{\theta}\right) + \frac{T^2}{T^2 - 4\theta^2}\left(\cos\frac{\pi t}{\theta} - \cos\frac{2\pi t}{T}\right)$$

$$= \frac{f}{2}\left(1 + \frac{4\theta^2}{T^2 - 4\theta^2}\cos\frac{\pi t}{\theta} - \frac{T^2}{T^2 - 4\theta^2}\cos\frac{2\pi t}{T}\right)$$

$$= \frac{f}{2}\left(1 - \cos\frac{\pi t}{\theta}\right) - f\frac{T^2}{T^2 - 4\theta^2}\sin\left(\frac{\pi t}{2\theta} - \frac{\pi t}{T}\right)\sin\left(\frac{\pi t}{2\theta} + \frac{\pi t}{T}\right).$$

Deuxième phase :

$$t > \theta;$$

(2) $$y_2 = \frac{f}{q}\int_o^\theta \left(1 - \cos\frac{2\pi(t-z)}{T}\right)\frac{\delta\chi}{dz}dz$$

$$= f - \frac{f}{2}\frac{T^2}{T^2 - 4\theta^2}\left(\cos\frac{2\pi t}{T} + \cos\frac{2\pi(t-\theta)}{T}\right)$$

$$= f\left(1 - \frac{T^2}{T^2 - 4\theta^2}\cos\frac{\pi\theta}{T}\cos\frac{\pi(2t-\theta)}{T}\right).$$

Dans le cas particulier où l'on aurait $\theta = \frac{T}{2}$, ces formules se présenteraient comme il suit :

(1) $$y_1 = \frac{f}{2}\left(1 - \cos\frac{2\pi t}{T}\right) - f\frac{\pi t}{2T}\sin\frac{2\pi t}{T};$$

(2) $$y_2 = f\left(1 - \frac{\pi}{4}\sin\frac{2\pi t}{T}\right).$$

La flèche dynamique de la seconde phase, qui est l'écart maximum entre le déplacement y et la flèche f correspondant à la position d'équilibre statique de la barre sous la surcharge ql, est :

$$f' = \pm f \frac{T^2 - 4\theta^2}{T^2} \cos \frac{\pi\theta}{T}.$$

Dans le cas particulier où θ est égal à $\frac{T}{2}$, cette flèche est $\frac{\pi}{4} f$.

Pour θ infini, f' est nul. La surcharge est appliquée assez lentement pour que la pièce ne vibre pas.

La ligne représentative de f' est une courbe sinueuse, dont l'ordonnée, nulle pour $\theta = (2n + 1)\frac{T}{2}$, passe par le maximum $\frac{T^2 - 4\theta^2}{T^2}$ pour $\theta = nT$. Ce maximum va croissant au fur et à mesure que θ diminue. A partir de $\theta = T$, la ligne se relève de façon continue, atteint l'ordonnée $\frac{\pi}{4} f$ pour $\theta = \frac{T}{2}$, et aboutit finalement à la cote f pour $\theta = o$. On retombe alors sur le cas de la surcharge instantanée : le déplacement maximum est le double de la flèche statique f.

Supposons maintenant que la surcharge soit appliquée puis retirée pendant le délai θ. Nous admettrons qu'à un moment quelconque le poids par mètre courant porté par la barre ait pour expression :

$$\chi = q \sin \frac{\pi t}{\theta}.$$

D'où :

$$\frac{d\chi}{dt} = q \frac{\pi}{\theta} \cos \frac{\pi t}{\theta}.$$

Le mouvement vibratoire comportera encore deux phases, dont la première prendra fin à l'expiration du temps θ, après enlèvement de la surcharge.

Première phase : $0 \leqslant t \leqslant \theta$;

$$(1)\qquad y_1 = \frac{f}{q}\int_0^t\left(1-\cos\frac{2\pi(t-z)}{T}\right)\frac{d\chi}{dz}dz$$

$$= f\left(\sin\frac{\pi t}{\theta}+\frac{2T\theta}{T^2-4\theta^2}\sin\frac{2\pi t}{T}-\frac{T^2}{T^2-4\theta^2}\sin\frac{\pi t}{\theta}\right).$$

$$= f\left(\frac{2T\theta}{T^2-4\theta^2}\sin\frac{2\pi t}{T}-\frac{4\theta^2}{T^2-4\theta^2}\sin\frac{\pi t}{\theta}\right).$$

Deuxième phase : $t > \theta$;

$$(2)\qquad y_2 = \frac{f}{q}\int_0^\theta\left(1-\cos\frac{2\pi(t-z)}{T}\right)\frac{d\chi}{dz}dz$$

$$= f\frac{4T\theta}{T^2-4\theta^2}\cos\frac{\pi\theta}{T}\sin\frac{\pi(2t-\theta)}{T}.$$

Dans le cas particulier où l'on a : $\theta = \frac{T}{2}$, ces deux formules se présentent comme il suit :

$$(1)\qquad y_1 = \frac{f}{2}\left(\sin\frac{2\pi t}{T}-\frac{2\pi t}{T}\cos\frac{2\pi t}{T}\right);$$

$$(2)\qquad y_2 = -f\frac{\pi}{2}\cos\frac{2\pi t}{T}.$$

Il y a lieu dans le cas présent d'envisager les déplacements maxima Y_1 et Y_2 relatifs aux deux phases successives.

Première phase. On prendra : $t_1 = 2n\frac{T\theta}{T+2\theta}$, avec la condition $t_1 < \theta$.

Dans le cas où plusieurs valeurs de t satisferaient à cette équation, on choisirait la plus voisine de $\frac{\theta}{2}$.

Le déplacement maximum correspondant est :

$$Y_1 = \pm f\left(\frac{2\theta}{T-2\theta}\sin\frac{\pi t_1}{\theta}\right).$$

Pour $\theta = \frac{T}{2}$, on trouve : $Y_1 = \frac{\pi}{2} f$.

Deuxième phase : Il faut poser $t_2 = n\left(\frac{T}{2} + \frac{\theta}{4}\right)$, avec la condition : $t_2 > \theta$.

Le déplacement maximum correspondant est :

$$Y_2 = \pm f \frac{4T\theta}{T^2 - 4\theta^2} \cos \frac{\pi\theta}{T}.$$

Pour $\theta = \frac{T}{2}$, on trouve : $Y_2 = \frac{\pi}{2} f = Y_1$.

Si θ est infini, on a affaire à une surcharge statique : $Y_1 = f$, et $Y_2 = 0$.

Au fur et à mesure que θ diminue, Y_1 et Y_2 vont en croissant avec lenteur : le temps t_1 est toujours compris entre $\frac{\theta}{3}$ et $\frac{2\theta}{3}$, jusqu'à ce que l'on ait :

$$\theta = T \text{ et } Y_1 = 1,333 f.$$

Ensuite, t_1 dépassant $\frac{2\theta}{3}$. Y_1 et Y_2 continuent à croître et atteignent leurs limites supérieures, voisines de 1,768 f et 1,714 f, lorsque la durée θ passe par des valeurs critiques voisines respectivement de 0,8 T et 0,7 T.

Puis les deux déplacements décroissent. Pour $\theta = \frac{T}{2}$, on a $Y_1 = Y_2 = \frac{\pi f}{2}$ et $t_1 = \theta$: il n'y a plus qu'un seul déplacement maximum, qui se manifeste au moment où la surcharge devient nulle.

Si θ diminue encore, Y_1 disparaît. La descente de la barre se poursuit après l'enlèvement de la surcharge. Le maximum Y_2 continue à décroître et tend vers zéro avec θ

On retrouve ici les résultats déjà obtenus pour le cas de la surcharge instantanée temporaire.

Les observations précédentes s'appliquent sans changement au cas de la charge et de la surcharge concentrées en un point.

11. Mouvement vibratoire dû à des impulsions renouvelées. — Il se produit un phénomène de résonance bien connu, qui est dû à la superposition des vibrations produites successivement par les actions dynamiques répétées.

Mais on sait que les vibrations élastiques des matériaux s'amortissent rapidement, quand aucune cause extérieure n'intervient pour les revivifier. Cette question a déjà été traitée dans le *Cours de ponts métalliques* (Tome II, 1er fascicule, art. 28). Nous n'y reviendrons donc pas.

A supposer qu'il y ait synchronisme absolu entre la cadence des impulsions et la période vibratoire, l'amplitude du mouvement ne pourra donc croître au delà d'une certaine limite, de l'ordre de grandeur de celle relative à la première action. Quelque petit que soit l'intervalle séparant deux impulsions consécutives, il se produit bientôt une compensation entre l'énergie dissipée pendant ce laps de temps et l'afflux fourni par l'impulsion suivante.

Comme d'ailleurs le synchronisme ne peut être parfait, la série des oscillations de la barre présente alternativement des nœuds et des ventres, correspondant aux minima et aux maxima de l'amplitude du mouvement.

12. Fouettement des barres. — Les calculs auxquels nous venons de nous livrer pourraient être reproduits sans changement pour les vibrations longitudinales, qui sont aussi des mouvements pendulaires, et nous aboutirions exactement aux mêmes conclusions, qu'il est superflu de reproduire. Toutefois les barres tendues sont sujettes à un phénomène particulier qu'il est intéressant de signaler, celui du *fouettement*.

Reportons-nous à l'article 1er. Supposons qu'après avoir appliqué sur la barre une surcharge qui ait déterminé un déplacement f de l'extrémité libre, on l'enlève instantanément.

La barre entrera en vibration.

$$u = -f \sin\frac{\pi x}{2l}\cos\frac{2\pi t}{T}.$$

Le travail élastique développé dans une section transversale, au temps t, a pour expression :

$$R = \frac{E du}{dx} = -\frac{E\pi}{2l} f \cos\frac{\pi x}{2l}\cos\frac{2\pi t}{T}.$$

Nul à l'extrémité libre L, il a pour valeurs extrêmes, à l'extrémité fixe O :

$$\pm \frac{E\pi}{2l} f.$$

Pour évaluer la fatigue effective, il faut ajouter à R le travail d'extension S, variable avec x mais indépendant du temps, qui est dû au poids propre et à la charge permanente de la pièce.

Pendant une moitié de la période, définie par la condition

$$\left(n + \frac{3}{4}\right) T > t > \left(n + \frac{1}{4}\right) T,$$

R est positif comme S : la barre travaille à l'extension en tous ses points.

Dans l'autre moitié de la période, définie par la condition

$$\left(n + \frac{5}{4}\right) T > t > \left(n + \frac{3}{4}\right) T,$$

R est de signe contraire à S. Si donc il est plus grand en

valeur absolue, la barre travaillera à la compression. Dans le cas où son moment d'inertie serait petit, il pourra se faire que l'effort supporté par elle provoque son flambement.

Au point de vue des conséquences résultant de ce phénomène, il y a deux cas à considérer.

Si l'extrémité L est libre dans toutes les directions, la barre s'écartera brusquement de son orientation initiale, qui toutefois pourra être conservée par elle en O s'il y a encastrement.

Telle est l'explication du coup de fouet des câbles, lorsqu'ils se rompent sous un effort de traction exagéré, ou lorsqu'une de leurs attaches extrêmes vient à céder. Comme leur moment d'inertie est à peu près nul, à raison de leur flexibilité, le flambement est inévitable, dès que, par l'effet de la vibration, le travail élastique change de signe. On obtiendrait un résultat analogue avec une tige mince et longue.

L'autre cas est celui où l'extrémité L, libre dans le sens longitudinal, serait maintenue transversalement dans la direction axiale de la barre. Celle-ci s'incurve alors entre ses deux extrémités, et oscille périodiquement de part et d'autre de la droite reliant ces points fixes. L'énergie potentielle emmagasinée dans la matière donne lieu ainsi, non pas à une vibration longitudinale, mais à une vibration transversale.

Le fouettement s'observe dans les éléments de triangulation des ponts susceptibles d'être soumis, sous l'effet d'une surcharge à variation rapide, à un effort de traction supérieur à celui correspondant à la charge permanente, lorsque, n'ayant été calculés que pour résister à l'extension, ils ont un moment d'inertie très petit par rapport à leur longueur. La flèche peut être assez grande et par suite la période relativement longue.

Il est vrai que l'on constate également de légères vibrations transversales dans certaines barres ne remplissant pas les conditions précitées, et même dans des éléments rigides comprimés en tout temps. Mais, en pareil cas, le phénomène n'a aucun rapport avec le flambement. Une barre métallique n'est jamais rigoureusement rectiligne, et l'effort de traction ou de compression simple qu'elle supporte est toujours légèrement désaxé, même si la pièce est articulée à ses deux bouts, *a fortiori* si elle est reliée à l'ossature par des assemblages rigides, qui donnent nécessairement naissance à des couples d'encastrement. De ce chef, la barre travaille à la flexion, et il n'est pas surprenant qu'à sa vibration longitudinale se superpose une vibration transversale. Mais si la pièce est très rigide, et a une direction voisine de la verticale, comme un montant de triangulation *Pratt*, le mouvement sera très faible, et la période extrêmement courte. Ce sera une sorte de frémissement, à peine perceptible à la main, et plutôt sensible à l'oreille, en raison de sa très grande fréquence. Il fournit vraisemblablement l'explication du ferraillement des ponts métalliques, c'est-à-dire du bruit sourd causé par le passage des poids roulants.

Ajoutons encore qu'une vibration transversale peut être engendrée ou renforcée par les réactions variables avec le temps qu'exercent sur une barre les éléments avec lesquels elle est assemblée, lorsque ceux-ci vibrent eux-mêmes. Nous reviendrons sur ce sujet à la fin du présent chapitre.

§ 3. — Écrouissage et rupture des barres métalliques

13. Résistance vive. — Si l'on soumet une barre à une épreuve de traction poursuivie jusqu'au moment où, l'effort exercé ayant atteint son maximum, la striction va se produire, la ligne représentative des allongements, rapportés soit aux efforts croissants soit aux valeurs correspondantes du travail d'extension, est jusqu'à la limite d'élasticité une droite OA, que prolonge ensuite une courbe AB, dont la tangente extrême SB est horizontale.

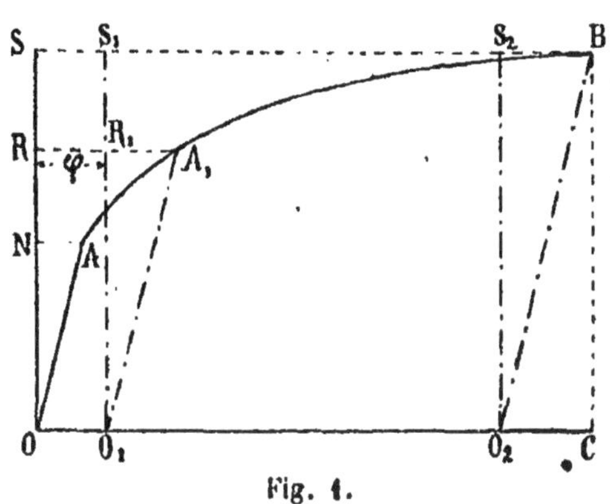

Fig. 1.

La *résistance vive* de la barre est mesurée par la quantité d'énergie qu'il a fallu dépenser pour lui faire subir l'allongement SB, en exerçant sur elle un effort de traction croissant graduellement de zéro à OS.

Cette résistance vive est représentée sur la figure 1 par la surface du quadrilatère mixtiligne OABC.

Tant que, dans un élément de construction ou de machine, le travail élastique n'a dépassé en aucune circonstance la limite d'élasticité N, les propriétés du métal demeurent invariables. Mais s'il arrive une seule fois que la fatigue ait atteint une valeur R supérieure à N, la limite d'élasticité se trouve relevée à ce niveau. La ligne représentative des allongements futurs se compose alors de la droite oblique O_1A_1, parallèle à OA, et de l'arc A_1B de la courbe primitive AB. La limite de rupture S est restée la même qu'auparavant, mais la résistance vive a diminué de la quantité mesurée par la surface OAA_1O_1 : elle ne correspond plus qu'à la surface O_1A_1BC.

La distance BB_1 de l'ancien axe des efforts OS au nouveau O_1S_1 est l'allongement permanent φ de la barre.

La réduction subie par la résistance vive correspond au travail mécanique dépensé sans retour pour produire cette déformation définitive : une partie a été transformée en chaleur par le frottement mutuel des molécules dont l'agencement s'est modifié ; l'autre correspond aux tensions intérieures latentes qui ont pris naissance dans la matière, et ne disparaissent pas avec la cause dont elles sont la conséquence.

Si l'épreuve de traction a été poussée jusqu'à la limite de rupture S, sans casser la barre, la limite d'élasticité est relevée à ce niveau, et la résistance vive se trouve réduite à la surface du triangle O_2BC.

La résistance de la barre aux efforts statiques n'a pas été altérée du fait de cet écrouissage : elle conserve la même valeur S. Mais il en est autrement pour sa résistance aux actions dynamiques, susceptibles de lui imprimer des mouvements vibratoires, parce que celle-ci est en relation étroite avec la résistance vive, ainsi que nous le ferons ressortir plus loin.

Le métal énervé par l'écrouissage est devenu cassant et fragile. Son allongement de rupture n'est plus que S_2B. Il se comporte mal sous les essais au choc et les épreuves de résilience. L'explication de ce fait a été donnée dans le cours de Résistance des Matériaux : il est dû à deux causes distinctes, qui sont d'une part la petitesse de la résistance vive, et d'autre part l'énergie latente emmagasinée dans le métal par les tensions intérieures persistantes.

Si la fatigue du métal est constante d'une extrémité à l'autre de la barre, ainsi qu'il arrive dans les essais de traction, on calculera la résistance vive totale en multipliant par la longueur la surface OABC, établie pour un élément de 1 mètre.

Mais si le travail élastique varie d'une région à l'autre,

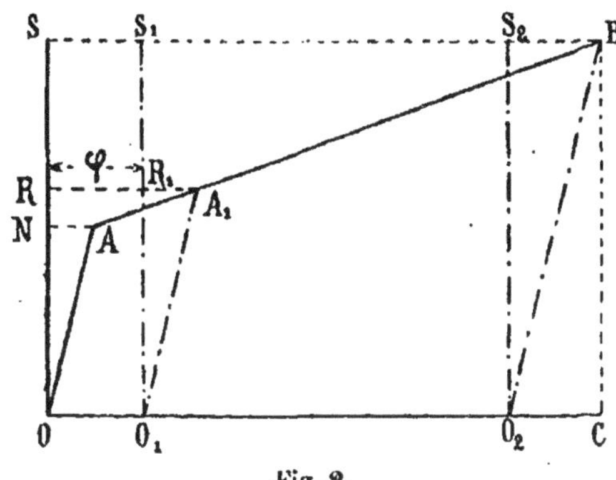

Fig. 2.

comme dans une barre suspendue par une extrémité et chargée en différents points de sa longueur, il conviendra d'évaluer pour chaque section transversale la résistance vive correspondant à la fatigue R qu'elle subit au moment où le travail élastique atteint la limite de rupture dans la région où l'effort est maximum, c'est-à-dire, dans l'exemple choisi, l'extrémité supérieure de la pièce. En multipliant chaque résultat partiel par la distance de deux sections successives, on obtiendra une résistance vive ne correspondant qu'à une fraction de celle relative au cas de la constance du travail d'un bout à l'autre.

Pour faciliter nos raisonnements et simplifier nos calculs, nous conviendrons de remplacer par sa corde la courbe AB, qui est généralement très aplatie. On pourrait sans doute, pour plus d'exactitude, lui substituer une ligne brisée inscrite, sans rien changer à nos méthodes. Mais on introduirait de la sorte dans les recherches une complication bien inutile, en ce qu'elle n'apporterait aucune modification dans le libellé des conclusions générales que nous aurons à formuler.

Désignons : par λ l'allongement élastique NA correspondant à la limite d'élasticité N ; par $\lambda + \lambda'$ l'allongement total SB, élastique et permanent, correspondant à la limite de rupture S ; par E le coefficient angulaire de la droite OA, qui est le coefficient d'élasticité longitudinale du métal ; enfin par E' le coefficient angulaire de la droite AB.

On a :

$$\lambda = \frac{N}{E}, \text{ et } \lambda' = \frac{S - N}{E'}.$$

La résistance vive W du métal naturel est représentée par la surface du quadrilatère OABC :

$$W = \frac{N\lambda}{2} + \frac{(S + N)\lambda'}{2} = \frac{S^2}{2E'} - \frac{N^2}{2}\left(\frac{1}{E'} - \frac{1}{E}\right).$$

Si l'on écrouit le métal de façon à relever sa limite d'élasticité de N à R, ses nouvelles caractéristiques seront :

$$\lambda_1 = \frac{R}{E}; \lambda'_1 = \frac{S - R}{E'}.$$

L'allongement permanent RR_1 aura pour expression :

$$\varphi_1 = \lambda + \lambda' - \lambda_1 - \lambda'_1 = (R - N)\left(\frac{1}{E'} - \frac{1}{E}\right).$$

Résistance vive :

$$W_1 = \frac{S^2}{2E'} - \frac{R^2}{2}\left(\frac{1}{E'} - \frac{1}{E}\right).$$

La perte subie par la résistance vive est représentée par la surface OAA_1O_1. Elle a pour expression :

$$W - W_1 = \frac{R^2 - N^2}{2}\left(\frac{1}{E'} - \frac{1}{E}\right).$$

Si, par une épreuve à outrance, on relevait la limite d'élasticité jusqu'à la limite de rupture S, sans casser la barre, on obtiendrait les résultats suivants :

$$\lambda_2 = \frac{S}{E};\ \lambda'_2 = 0;$$

$$\varphi_2 = \lambda + \lambda' - \lambda_2 = (S - N)\left(\frac{1}{E'} - \frac{1}{E}\right);$$

$$W_2 = \frac{S^2}{2E};$$

$$W - W_2 = \frac{S^2 - N^2}{2}\left(\frac{1}{E'} - \frac{1}{E}\right).$$

Pour faire apprécier, par un exemple concret, l'influence exercée par l'écrouissage sur la résistance vive, nous poserons : $S = 2N$, et $E = 40E'$.

Ces données numériques peuvent convenir à un acier pour construction de qualité ordinaire.

On trouve en ce cas : $W_2 = \frac{2}{60,5}W$. L'écrouissage jusqu'à la limite de rupture a réduit la résistance vive de plus de 96 0/0.

Quand on éprouve une barre par flexion, la ligne représentative des flèches, rapportées soit aux moments fléchissants soit aux valeurs du travail calculées d'après ces moments, a la même allure que celle relative à l'essai de traction. Elle comporte également la droite OA, suivie d'une courbe telle que AB.

Les raisonnements et les conclusions qui précèdent sont donc applicables sans changement à ce nouveau cas.

On évaluera ici la résistance vive de la pièce fléchie, en calculant, pour chacune des forces qui la sollicitent, le travail mécanique produit par elle, en raison du déplacement subi par son point d'application du fait du fléchissement, quand on fait croître cette force depuis zéro jusqu'à la valeur extrême pour laquelle la limite de rupture est atteinte dans la région la plus fatiguée. Ce calcul pourra s'effectuer graphiquement, en construisant la ligne représentative de ce déplacement, rapporté à la force en question, et déterminant la surface comprise entre cette ligne et l'axe horizontal du déplacement, comme on l'a fait pour le cas de la traction.

14. Mouvement vibratoire avec dépassement de la limite d'élasticité. — Considérons une barre métallique, à section constante ou variable, soutenue à ses deux extrémités, qui, sous une surcharge uniforme croissant graduellement à partir de zéro, présenterait dans sa section médiane une flèche dont la loi de variation serait représentée par la ligne brisée OAB (fig. 2).

Si l'on applique sur cette pièce, dont nous désignerons par pl la charge permanente, une surcharge instantanée temporaire ql, elle prendra un mouvement vibratoire comportant plusieurs phases successives. Le passage d'une phase à la suivante correspondra : — soit à l'expiration de la durée θ d'application de la surcharge ; — soit au dépassement de la limite d'élasticité, correspondant au sommet A de l'épure ; — soit enfin à l'arrêt dans la descente, lorsque la barre, ayant atteint sa flèche maximum, tendra à se redresser.

Les données à introduire dans le calcul seront les suivantes :

Charge permanente pl et surcharge instantanée ql ;

Flèches λ et $\lambda + \lambda'$ correspondant à la limite d'élasticité et à la limite de rupture ;

Coefficients numériques E et E', par lesquels il faut diviser un accroissement déterminé de la charge statique pour obtenir l'augmentation correspondante de la flèche médiane, suivant que l'on se trouve dans l'ère OA où la barre se comporte comme un solide parfaitement élastique, où dans l'ère suivante AB, où la ductilité du métal se manifeste par une déformation plus rapide, et par l'apparition d'une flèche permanente.

Nous déduirons de ces données :

1° Les flèches statiques qui correspondent, dans l'ère d'élasticité parfaite, aux poids pl et ql.

$$f_0 = \frac{pl}{E}; \qquad f_1 = \frac{ql}{E}.$$

2° Les périodes vibratoires correspondant aux masses $\frac{pl}{g}$ et $\frac{(p+q)l}{g}$ d'une part, et aux coefficients numériques E et E' d'autre part, savoir :

$$\frac{pl}{g} \text{ et } E \quad : T_0 = \sqrt{\frac{\pi^2}{g} f_0};$$

$$\frac{(p+q)l}{g} \text{ et } E \quad : T_1 = T_0 \sqrt{\frac{p+q}{p}};$$

$$\frac{pl}{g} \text{ et } E' \quad : T'_0 = T_0 \sqrt{\frac{E}{E'}};$$

$$\frac{(p+q)l}{g} \text{ et } E' \quad : T'_1 = T_1 \sqrt{\frac{E}{E'}}.$$

Nous mesurerons les déplacements verticaux de la section médiane de la barre à partir de la position d'équilibre statique initiale, pour laquelle, sous la charge permanente pl, la flèche à la valeur initiale f_0.

Quand la limite d'élasticité sera atteinte, le déplacement subi par la section médiane sera donc $\lambda - f_0$.

A la limite de rupture, le déplacement sera $\lambda + \lambda' - f_0$.

A. — Considérons d'abord le cas où la durée d'application de la surcharge instantanée prendrait fin avant que la limite d'élasticité ait été atteinte.

Première phase. — L'équation du mouvement vibratoire est :

$$(1) \qquad y_1 = f_1\left(1 - \cos\frac{2\pi t}{T_1}\right).$$

On a :

$$f_1\left(1 - \cos\frac{2\pi\theta}{T_1}\right) < \lambda - f_0,$$

puisque la surcharge est retirée avant que l'on soit sorti de l'ère d'élasticité parfaite.

Deuxième phase. — La surcharge a disparu.

$$(2) \qquad y_2 = -f_2 \cos 2\pi\frac{t + \tau_2}{T_0}.$$

On déterminera les inconnues f_2 et τ_2 en écrivant que les équations (1) et (2) fournissent les mêmes valeurs numériques pour y et $\frac{dy}{dt}$, quand on pose $t = \theta$.

$$-\operatorname{Tg} 2\pi\frac{\theta + \tau_2}{T_0} = \frac{T_0}{T_1}\operatorname{cotg}\frac{\pi\theta}{T_1} = \sqrt{\frac{p}{p+q}}\operatorname{cotg}\frac{\pi\theta}{T_1};$$

$$f_2 = 2f_1 \sin^2\frac{\pi\theta}{T_1}\sqrt{1 + \frac{T_0^2}{T_1^2}\operatorname{cotg}^2\frac{\pi\theta}{T_1}}$$

$$= 2f_1 \sin^2\frac{\pi\theta}{T_1}\sqrt{1 + \frac{p}{p+q}\operatorname{cotg}^2\frac{\pi\theta}{T_1}}.$$

La limite d'élasticité sera atteinte au bout du temps t' satisfaisant à la condition :

$$-f_2 \cos 2\pi \frac{t' + \tau_2}{T^0} = \lambda - f_0.$$

Troisième phase. — La limite d'élasticité est dépassée.

$$(3) \qquad y_3 = d - f_3 \cos 2\pi \frac{t + \tau_3}{T_0}.$$

Il y a décalage dans l'espace (d) et dans le temps (τ_3). Ces deux quantités sont inconnues *a priori*, ainsi que la demi-amplitude f_3 de la vibration.

On déterminera ces trois inconnues en écrivant que pour $t = t'$, les équations (2) et (3) fournissent les mêmes valeurs pour le déplacement y, la vitesse $\frac{dy}{dt}$ et l'accélération $\frac{d^2y}{dt^2}$: la masse en mouvement, réduite à la charge permanente, n'a pas été modifiée lors du passage de la seconde à la troisième phase.

$$d - f_3 \cos 2\pi \frac{t' + \tau_3}{T'_0} = - f_2 \cos 2\pi \frac{t' + \tau_2}{T_0} ;$$

$$\frac{1}{T'_0} f_3 \sin 2\pi \frac{t' + \tau_3}{T'_0} = \frac{1}{T_0} f_2 \sin 2\pi \frac{t' + \tau_2}{T_0} ;$$

$$\frac{1}{T_0'^2} f_3 \cos 2\pi \frac{t' + \tau_3}{T'_0} = \frac{1}{T_0^2} f_2 \cos 2\pi \frac{t' + \tau_2}{T_0} .$$

D'où :

$$\operatorname{Tg} 2\pi \frac{t' + \tau_3}{T'_0} = \frac{T_0}{T'_0} \operatorname{tg} 2\pi \frac{t' + \tau_2}{T_0} = \sqrt{\frac{E'}{E}} \operatorname{tg} 2\pi \frac{t' + \tau_2}{T_0} ;$$

$$f_3 = \frac{T'_0}{T_0} f_2 \sin 2\pi \frac{t' + \tau_2}{T_0} \sqrt{1 + \frac{T_0'^2}{T_0^2} \operatorname{cotg}^2 2\pi \frac{t' + \tau_2}{T_0}}$$

$$= \sqrt{\frac{E}{E'}} f_2 \sin 2\pi \frac{t' + \tau_2}{T_0} \sqrt{1 + \frac{E}{E'} \operatorname{cotg}^2 2\pi \frac{t' + \tau_2}{T_0}} ;$$

$$d = f_3 \cos 2\pi \frac{t' + \tau_2}{T'_0} - f_3 \cos 2\pi \frac{t' + \tau_2}{T_0}$$

$$= f_2 \cos 2\pi \frac{t' + \tau_2}{T_0} \left(\frac{T_0'^2}{T_0^2} - 1 \right)$$

$$= -\left(\frac{E - E'}{E'} \right) (\lambda - f_0).$$

La barre cesse de descendre quand sa vitesse s'annule, pour :

$$\sin 2\pi \frac{t'' + \tau_3}{T'_0} = 0, \text{ et } \cos 2\pi \frac{t'' + \tau_3}{T'_0} = -1.$$

Le déplacement vertical maximum a donc pour expression :

$$Y = d + f_3.$$

Quatrième phase. — La barre se redresse. Mais, par l'effet de l'écrouissage, elle a subi une déformation permanente, mesurée par la flèche :

$$\varphi = (Y - (\lambda - f_0)) \frac{E - E'}{E}.$$

Sa flèche élastique f_4 a donc pour valeur :

$$f_4 = \lambda - f_0 + (Y - (\lambda - f_0)) \frac{E'}{E} = Y \frac{E'}{E} + (\lambda - f_0) \frac{E - E'}{E}.$$

La barre vibre autour de la position moyenne définie par la flèche statique $\lambda - \varphi + f$, avec la flèche dynamique f_4.

Le décalage en temps est déterminé par l'égalité :

$$\tau_4 = (2n + 1) \frac{T_0}{2} - t'' - \tau_3.$$

B. — Admettons à présent que la surcharge soit encore appliquée sur la barre au moment où la limite d'élasticité est atteinte.

Première phase. — L'équation du mouvement est :

$$(1) \qquad y_1 = f_1 \left(1 - \cos 2\pi \frac{t}{T_1}\right).$$

La limite d'élasticité est atteinte au bout du temps t', défini par la condition

$$f_1 \left(1 - \cos 2\pi \frac{t'}{T_1}\right) = \lambda - f_0.$$

En vertu de l'énoncé du problème, on a : $t' < \theta$.

Deuxième phase. — Il y a décalage dans le temps et dans l'espace.

L'amplitude nouvelle est à déterminer.

$$(2) \qquad y_2 = d + f_2 \left(1 - \cos 2\pi \frac{t - \tau^2}{T'_1}\right).$$

Comme dans le problème précédent, on dispose de trois relations de condition :

$$d + f_2 \left(1 - \cos 2\pi \frac{t' + \tau^2}{T'_1}\right) = f_1 \left(1 - \cos 2\pi \frac{t'}{T_1}\right) = \lambda - f_0;$$

$$\frac{f_2}{T'_1} \sin 2\pi \frac{t' + \tau_2}{T'_1} = \frac{f_2}{T_1} \sin 2\pi \frac{t'}{T_1};$$

$$\frac{f_2}{T'^2_1} \cos 2\pi \frac{t' + \tau_2}{T'_1} = \frac{f_2}{T^2_1} \cos 2\pi \frac{t'}{T_1}.$$

D'où :

$$\operatorname{tg} 2\pi \frac{t' + \tau_2}{T'_1} = \frac{T_1}{T'_0} \operatorname{tg} 2\pi \frac{t'}{T_1} = \sqrt{\frac{E'}{E}} \operatorname{tg} 2\pi \frac{t'}{T_1};$$

$$f_2 = f_1 \frac{T'_1}{T_1} \sin 2\pi \frac{t'}{T_1} \sqrt{1 + \left(\frac{T_1}{T_1}\right)^2 \operatorname{cotg}^2 2\pi \frac{t'}{T_1}}$$

$$= f_1 \sqrt{\frac{E}{E'}} \sin 2\pi \frac{t'}{T} \sqrt{1 + \frac{E}{E'} \operatorname{cotg}^2 2\pi \frac{t'}{T_1}};$$

$$d = \lambda - f_0 - f_2\left(1 - \cos 2\pi \frac{t' + \tau_2}{T'_1}\right)$$

$$= \lambda - f_0 - + f_2 \frac{E}{E'} f_1 \cos 2\pi \frac{t'}{T_1}$$

$$= \frac{E - E'}{E'}(\lambda - f'_0) + \frac{E}{E'} f_1 - f_2.$$

Il peut ici se présenter deux cas.

1° Supposons que l'on ait : $\theta > \frac{T_1}{2} - \frac{\tau_2}{2}$.

L'arrêt dans la descente de la barre se produit avant l'expiration du temps θ.

Le déplacement maximum s'obtient en posant :

$$t + \tau_2 = \frac{T'_1}{2}.$$

Il a pour valeur : $Y = d + 2f_2$.

La barre se redresse. Le mouvement comporte encore deux phases consécutives dont la première prend fin avec le temps θ, au moment où l'on enlève la surcharge.

La pièce, qui présente une flèche permanente

$$\varphi = (Y - (a - f'_0)) \frac{E - E'}{E}$$

se comporte dans ces deux phases comme une barre parfaitement élastique. Son mouvement est donc de ceux que nous avons précédemment étudiés, et il est inutile que nous en donnions les équations.

2° Admettons au contraire que l'on ait : $\theta < \frac{T'_1}{2} - \frac{\tau_2}{2}$.

La barre poursuit son mouvement de descente après l'expiration du temps θ.

Troisième phase. — Le retrait de la surcharge donne lieu à un décalage dans l'espace. La position moyenne de la barre se relève de la flèche statique qu'elle prendrait sous l'application graduelle de la surcharge ql, mais avec le coefficient de proportionnalité E', soit $f_1 \frac{E}{E'}$.

L'équation du mouvement est donc :

$$(3) \qquad y_3 = d + f_3 \left(1 - \cos 2\pi \frac{t + \tau_3}{T'_0}\right) - f_1 \frac{E}{E'}.$$

Il y a deux inconnues à déterminer, τ_3 et f_3. En écrivant que les relations (2) et (3) fournissent les mêmes valeurs pour y et $\frac{dy}{dt}$ quand on pose $t = 0$, on obtiendra deux équations de condition, conduisant aux résultats suivants :

$$\text{Tg}\, \frac{\pi(\theta + \tau_3)}{T'_0} = \frac{T'_1}{T'_0} \left(\text{Tg}\, \pi \frac{\theta + \tau_2}{T'_1} + \frac{E}{E'} \cdot \frac{f_1}{f_2 \sin 2\pi \frac{\theta + \tau_2}{T'_1}}\right)$$

$$= \sqrt{\frac{p + q}{p}} \left(\text{Tg}\, \pi \frac{\theta + \tau_2}{T'_1} + \frac{E}{E'} \frac{f_1}{f_2 \sin 2\pi \frac{\theta + \tau_2}{T'_1}}\right);$$

$$f_3 = \frac{T'_0}{T'_1} f_2 \frac{\sin 2\pi \frac{\theta + \tau_2}{T'_1}}{\sin 2\pi \frac{\theta + \tau_3}{T'_0}} = \sqrt{\frac{p}{p + q}} f_2 \frac{\sin 2\pi \frac{\theta + \tau_2}{T'_1}}{\sin 2\pi \frac{\theta + \tau_3}{T'_0}}.$$

Le plus grand déplacement vertical s'obtient en posant :

$$\cos 2\pi \frac{t + \tau_3}{T'_0} = -1;$$

$$Y = d - f_0 \frac{E}{E'} + 2f_3.$$

Quatrième phase. — La barre se redresse. Il n'y a qu'à se reporter au problème A traité précédemment.

15. Ecrouissage et rupture. — Soit $(s - p)l$ la surcharge de rupture statique, pour la barre portant déjà la charge permanente pl.

Si la barre était jusqu'au bout parfaitement élastique, c'est-à-dire si la limite d'élasticité coïncidait avec la limite de rupture, on sait que la surcharge instantanée de rupture serait la moitié $\frac{(s-p)l}{2}$ de la surcharge stati-

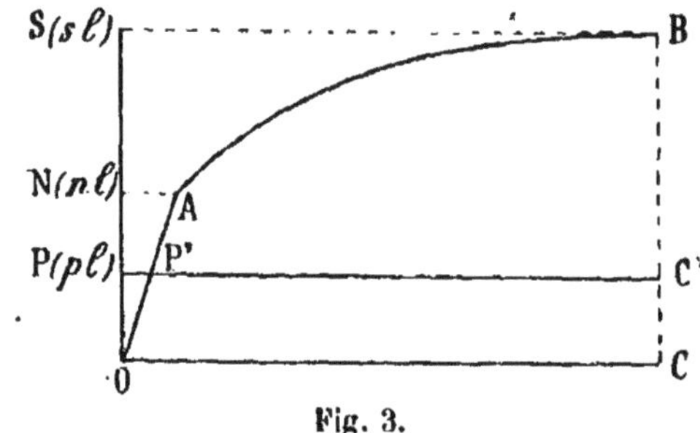

Fig. 3.

que précitée, à condition que sa durée θ d'application fût au moins égale à $\frac{T_1}{2}$.

Mais il en est autrement pour un métal ductile. Supposons que la figure 3 représente la loi de variation de la flèche totale (élastique et permanente), sous l'action d'une charge statique croissant lentement. L'ordonnée OP représente la charge permanente pl, et l'ordonnée OS la charge totale sl.

On obtiendra la valeur de la surcharge instantanée de rupture en calculant l'ordonnée moyenne de la ligne P'AB par rapport à l'horizontale PP'C', c'est-à-dire en divisant la surface du quadrilatère mixtiligne P'ABC' par son côté P'C'.

On voit immédiatement que cette ordonnée moyenne

est plus grande que $\frac{BC'}{2}$ ou $\frac{(s-p)l}{2}$. Il faudra que la durée d'application de cette surcharge soit égale à $\frac{T_1}{2}$, sans quoi la limite de rupture ne serait pas atteinte.

Supposons que la charge, appliquée avec cette durée, soit plus petite que $\frac{(s-p)l}{2}$, mais néanmoins suffisante pour que la limite d'élasticité soit dépassée. Le métal subira un écrouissage, avec relèvement de la limite d'élasticité et réduction de la résistance vive, et prendra une flèche permanente. Si l'on réitère l'opération sur cette même barre, ses propriétés subiront une nouvelle altération. Mais on n'arrivera pas à la rompre, même après un nombre infini d'épreuves. La limite d'élasticité tendra vers une valeur telle que la flèche élastique correspondante soit celle relative à la charge permanente, augmentée de celle relative à la surcharge statique $2\,ql$. L'écrouissage de la barre ne progressera pas au delà.

Si l'on a :

$$ql = \frac{(s-p)l}{2},$$

la limite de rupture sera atteinte après un nombre infini d'épreuves, à condition que la durée θ soit au moins égale à $\frac{T_1}{2}$.

Enfin si $ql > \frac{(s-p)l}{2}$, on cassera la barre après un nombre fini d'opérations, d'autant moins élevé que l'on sera plus voisin de la surcharge, évaluée précédemment, qui aurait déterminé la rupture du premier coup.

On conçoit que si $\theta < \frac{T_1}{2}$, on obtiendra les mêmes résultats avec des surcharges de plus en plus grandes au fur et à mesure que l'on réduira la durée d'application.

Enfin il viendra un moment, où pour une durée θ suffisamment petite, une surcharge infinie non seulement ne rompra pas la barre, mais ne fera pas travailler le métal au delà d'un taux fixé arbitrairement, au-dessous ou au-dessus de la limite d'élasticité.

Pour θ infiniment petit, la surcharge infinie ne produira aucun effet.

16. Exemple numérique. — Pour rendre plus claires les conclusions précédentes, il nous a paru utile d'en faire une application numérique à deux cas concrets.

Considérons une poutre définie par les données :

$$\lambda = 0,1\,; \qquad E = 10^6\,;$$
$$\lambda' = 2\,; \qquad E' = 5 \times 10^4 = \frac{E}{20}.$$

La limite d'élasticité et la limite de rupture correspondront respectivement aux charges totales, comptées en tonnes :

$$nl = E\lambda = 100.$$

et

$$sl = E\lambda + E'\lambda' = 200.$$

Nous envisagerons deux cas, où la charge permanente pl serait soit de 5 tonnes seulement (C), soit de 50 tonnes (D).

Voici les résultats auxquels nous sommes arrivé.

Les propriétés du métal ne seront pas altérées, par relèvement de la limite d'élasticité et diminution de la résistance vive, quels que soient le nombre et la durée θ des applications, si la surcharge instantanée ne dépasse pas :

pour C, 47,5 :
pour D, 25.

Pour rompre la poutre après un nombre infini d'épreuves, il faudra que la surcharge soit au moins égale :

pour C, à 97,5, avec $\theta \geqslant 0'',57$;
pour D, à 75, avec $\theta \geqslant 0'',63$.

Mais si la surcharge est infinie, on obtiendra la rupture dans ces mêmes conditions, en réduisant la durée θ :

pour C à $0'',195$;
pour D à $0'',147$.

On ne rompra la pièce du premier coup que si la surcharge instantanée est au moins égale :

pour C à 140,53, avec $\theta \geqslant 1'',42$:
pour D à 98,20, avec $\theta \geqslant 1'',46$.

Enfin, si la surcharge est infinie, les valeurs minima de θ seront respectivement :

pour C de $0'',639$;
pour D de $0'',536$.

Nous nous sommes en outre proposé de déterminer le nombre d'épreuves nécessaire pour casser la poutre avec une surcharge déterminée, intermédiaire entre les limites énoncées ci-dessus, en admettant que dans chaque opération la durée θ serait prolongée jusqu'à l'arrêt dans la descente verticale.

On a inscrit dans les deux tableaux numériques suivants les données $\lambda - f_0$ et λ' relatives à chaque cas partiel, ainsi que les résultats obtenus : déplacement vertical Y, et flèche permanente φ.

Poutre C : $pl = 5$; $ql = 120$; $f_0 = 0{,}005$; $f_1 = 0{,}12$.

N° d'ordre de l'épreuve	Données du calcul		Résultats du calcul		
	$\lambda - f_0$	λ'	Déplacement vertical Y	Flèche permanente φ partielle	Flèche permanente φ totale
1	0,095	2	1,3199	1,1637	1,1637
2	0,1563	0,7751	0,3187	0,1543	1,3180
3	0,1645	0,6126	0,2950	0,1388	1,4568
4	0,1709	0,4820	0,2809	0,1045	1,5613
5	0,1764	0,3720	0,2718	0,0906	1,6519
6	0,1812	0,2766	0,2655	0,0813	1,7332
7	0,1854	0,1923	0,2606	0,0714	1,8046
8	0,1892	0,1171	0,2570	0,0644	1,8690
9	0,1926	0,0493	0,2540	0,0583	1,9273

La rupture a lieu à la 9e épreuve :

$$\varphi + \lambda - f_0 = 1{,}9273 + 0{,}1926 = 2{,}1199 > 2{,}095.$$

Poutre D : $pl = 50$; $ql = 90$; $f_0 = 0{,}05$; $f_1 = 0{,}09$.

N° d'ordre de l'épreuve	Données du calcul		Résultats du calcul		
	$\lambda - f_0$	λ'	Déplacement vertical Y_1	Flèche permanente φ partielle	Flèche permanente φ totale
1	0,050	2	1,7280	1,5937	1,5937
2	0,1339	0,3225	0,2016	0,0643	1,6580
3	0,1373	0,2548	0,1974	0,0579	1,7159
4	0,1403	0,1946	0,1944	0,0501	1,7660
5	0,1430	0,1405	0,1915	0,0461	1,8121
6	0,1454	0,0920	0,1893	0,0417	1,8538
7	0,1476	0,0381	0,1883	0,0377	1,8915
8	0,1497	0,0174	0,1873	0,0358	1,9273

Rupture à la 8e épreuve :

$$\varphi + \lambda - f_0 = 1{,}9273 + 0{,}1497 = 2{,}0770 > 2{,}050.$$

Si les impulsions dynamiques se succédaient assez rapidement pour que la vibration produite par l'une d'elles ne fût pas complètement amortie avant l'intervention de la suivante, on se trouverait dans le cas déjà traité à l'article 11. La rupture pourrait alors s'obtenir avec des surcharges moindres et des durées plus courtes. Mais comme les phénomènes d'interférence donneraient lieu à une suite d'oscillations d'amplitudes inégales, ce ne serait qu'aux ventres de la série qu'un relèvement nouveau de la limite d'élasticité se produirait. De ce chef, il pourrait arriver que le nombre des épreuves, nécessaire pour casser la pièce, fût très élevé.

Il est bien rare qu'une barre métallique soit parfaitement homogène et sans défaut. Or la théorie, comme la pratique, enseigne que la moindre imperfection entraîne une aggravation locale de la fatigue : la limite d'élasticité est dépassée au point défectueux, alors que, partout ailleurs, on en est séparé par une marge notable.

On s'explique de la sorte le dépérissement des pièces entrant dans la confection des mécanismes animés de grandes vitesses. Les effets des impulsions se succédant à de courts intervalles s'ajoutent, et de temps à autre donnent lieu à une fatigue exagérée. On constate souvent après coup que la cassure porte la marque d'une petite imperfection, paille ou fêlure, qui s'est développée avec le temps et a fini par mettre la barre hors de service.

C'est ce qui explique pourquoi dans les mécanismes et les machines, on est conduit à abaisser notablement les limites de sécurité au-dessous de celles admises pour les ponts métalliques, et à exiger l'emploi d'un métal parfaitement sain et homogène, ainsi que la fourniture de pièces travaillées avec le plus grand soin et n'offrant aucun défaut apparent.

§ 4. — Mouvements vibratoires dans un système de barres solidaires

17. Barres associées. — Considérons deux barres parallèles et de même portée, A et A′, que nous définirons respectivement par les données EI et E′I′.

Chacune d'elles est en équilibre statique sous l'action de sa charge permanente, pl ou $p'l$.

Supposons qu'elles soient reliées l'une à l'autre de telle façon que leurs déplacements élastiques transversaux soient toujours identiques dans les sections correspondantes. Si on les écarte de leurs positions initiales d'équilibre par l'application graduelle d'une surcharge ql, puis que l'on enlève instantanément cette surcharge, elles vont entrer en vibration.

Soit, à un instant quelconque, u le déplacement vertical commun de ces deux barres, dans leur section médiane.

Les réactions élastiques intérieures, qui tendent à les ramener à leurs positions d'équilibre sous la charge permanente ql, seront pour l'une $\frac{\pi^5 EI}{4l^4}u$ et pour l'autre $\frac{\pi^5 E'I'}{4l^4}u$ par mètre courant de barre, au total $\frac{\pi^5}{4l^4}(EI + E'I')u$ pour les deux. La masse en mouvement, toujours par unité de longueur, sera $\frac{p}{g}$ pour la barre A et $\frac{p'}{g}$ pour la barre A′.

Les conditions du mouvement commun seront les mêmes que si l'on avait affaire à une seule barre, définie par les données $EI + E'I'$ et $p + p'$.

La période sera :

$$T = \sqrt{\frac{4(p+p')l^4}{\pi^2(EI+E'I')g}}.$$

Or, si l'on admet que les rapports $\frac{p}{EI}$ et $\frac{p'}{E'I'}$ ne soient pas égaux, les mouvements propres que prendraient ces deux barres, si elles étaient indépendantes, ne seraient pas synchrones. Puisqu'en vertu de leur association elles ont toujours à un moment quelconque le même déplacement et la même vitesse, il faut bien que l'une tire l'autre. Il se manifeste donc entre elles une réaction mutuelle rl, à répartition uniforme, que nous nous proposerons de déterminer.

Pour qu'il y ait concordance entre leurs vibrations, il faut qu'à un moment quelconque leurs accélérations soient égales : les forces agissant sur elles sont donc respectivement proportionnelles à leurs masses, ce qui s'écrit :

$$\frac{\frac{\pi^4 EI}{4l^4}+r}{p} = \frac{\frac{\pi^4 E'I'}{4l^4}-r}{p'}.$$

D'où :

$$r = \frac{\pi^4}{4l^4}\cdot\frac{pp'}{p+p'}\left(\frac{E'I'}{p'}-\frac{EI}{p}\right)u.$$

La réaction mutuelle, proportionnelle à la différence $\frac{E'I'}{p'}-\frac{EI}{p}$, s'annule avec u, quand les deux barres passent simultanément par leurs positions d'équilibre sous la charge permanente.

L'énergie totale du mouvement vibratoire est égale au travail mécanique dépensé pour écarter les barres de leurs positions d'équilibre, par l'application progressive de la surcharge ql, que l'on a retirée ensuite instantanément. Soit f la flèche médiane réalisée.

Cette énergie est :

$$\frac{l}{\pi} f^2 . \frac{\pi^5(EI + E'I')}{4l^4} = \frac{\pi^4(EI + E'I')}{4l^3} f^2.$$

A la fin de la demi-période, quand on a $\cos \frac{2\pi t}{T} = -1$, la vitesse est nulle : l'énergie, exclusivement potentielle, se partage entre les barres proportionnellement à leurs moments de rigidité respectifs, EI et E'I'.

Les énergies partielles sont donc :

$$D_1 = \frac{\pi^4 EI}{4l^3} f^2,$$

et

$$D'_1 = \frac{\pi^4 E'I'}{4l^3} f^2.$$

Mais quand on arrive aux trois quarts de la période $\left(\cos \frac{2\pi t}{T} = 0\right)$, le déplacement u étant nul, et les barres occupant leurs positions d'équilibre statique, l'énergie, exclusivement cinétique, se partage entre elles proportionnellement à leurs masses :

$$D_2 = \frac{\pi^4(EI + E'I')}{4l^3} f^2 . \frac{p}{p + p'},$$

$$D'_2 = \frac{\pi^4(EI + E'I')}{4l^3} f^2 . \frac{p'}{p + p'}.$$

On voit que pendant le quart de période écoulé de

$$t = \frac{T}{2} \text{ à } t = \frac{3T}{4},$$

il y a eu transport de l'une à l'autre pièce, d'une certaine quantité d'énergie qui a pour valeur $D'_1 - D'_2$, ou bien $D_2 - D_1$, soit enfin :

$$\frac{D'_1 + D_2 - D'_2 - D_1}{2},$$

Son expression est donc :

$$\frac{\pi^4}{4l^3} \cdot \frac{p\,p'}{p+p'}\left(\frac{\mathrm{EI}'}{p'} - \frac{\mathrm{EI}}{p}\right).$$

C'est le travail mécanique produit par la réaction mutuelle r.

Cet échange d'énergie de l'une à l'autre barre s'effectue quatre fois, alternativement dans chaque sens, au cours de la période.

18. Barre fixée sur deux poutres vibrantes. — Soit une barre AB appuyée à ses deux extrémités sur deux poutres parallèles et identiques. Supposons que l'on applique, sur cette pièce, de longueur l, une surcharge instantanée ql. Elle va entrer en vibration, dans les conditions exposées à l'article 2.

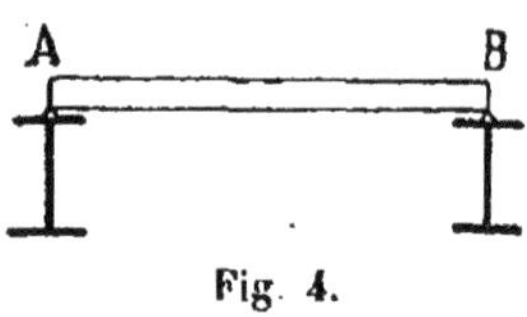

Fig. 4.

La réaction qu'elle exercera sur la poutre A, au lieu d'être constamment égale à $\frac{ql}{2}$, comme il en serait avec une surcharge statique, variera entre 0 et ql, suivant la formule $\frac{ql}{2}\left(1 - \cos\frac{2\pi t}{\mathrm{T}}\right)$.

Chacune des poutres sera donc sollicitée par une surcharge non pas instantanée, mais à variation rapide.

Soit T' sa période vibratoire, et f' la flèche statique correspondant au poids $\frac{ql}{2}$ appliqué en A. S'il y avait instantanéité, l'équation du mouvement serait :

$$y = f'\left(1 - \cos\frac{2\pi t}{\mathrm{T}'}\right).$$

Par un calcul simple, que nous jugeons inutile de

reproduire, on obtient, avec la surcharge variant suivant la formule $\frac{ql}{2}\left(1 - \cos\frac{2\pi t}{T}\right)$, l'équation :

$$y = f\left(1 - \frac{T'^2}{T'^2 - T^2}\cos\frac{2\pi t}{T'} + \frac{T^2}{T'^2 - T^2}\cos\frac{2\pi t}{T}\right).$$

Mais du moment que les poutres vibrent, les extrémités de la barre AB ne reposent plus sur des appuis fixes, comme l'implique expressément la formule

$$\frac{ql}{2}\left(1 - \cos\frac{2\pi t}{T}\right),$$

laquelle par conséquent n'est plus valable.

L'équation que nous en avons déduite ne peut donc être considérée comme exacte.

Pour éclaircir la question, nous nous attaquerons au problème inverse, en appliquant la surcharge non plus sur la barre AB, mais sur les deux poutres porteuses, de façon à leur imprimer des mouvements identiques. La barre jouera simplement le rôle d'entretoise de liaison entre deux pièces vibrantes. Ses appuis A et B, éprouvant un déplacement oscillatoire périodique, la barre elle-même va entrer en vibration. Si son mouvement était périodique, il aurait pour équation, étant entendu que les points A et B sont des appuis simples :

$$u = -\frac{m}{2}\left(\frac{e^{\alpha\frac{x}{l}} + e^{\alpha\left(1 - \frac{x}{l}\right)}}{e^{\alpha} + 1} + \frac{\cos\frac{\alpha}{2}\left(1 - \frac{2x}{l}\right)}{\cos\frac{\alpha}{2}}\right)\cos\frac{2\pi t}{T}.$$

La lettre m désigne ici la demi-amplitude de l'oscillation d'un appui, A ou B.

La période T a pour expression :

$$T = \sqrt{\frac{4\pi^2 p l^4}{\alpha^4 E I g}}.$$

On obtiendra la réaction S de la barre sur son appui en posant $x = 0$ dans l'expression $\frac{EId^3u}{dx^3}$.

$$S = EI, \frac{m}{2}\frac{\alpha^3}{l^3}\left(\frac{e^\alpha - 1}{e^\alpha + 1} + \operatorname{tg}\frac{\alpha}{2}\right)\cos\frac{2\pi t}{T}.$$

On déterminera l'angle α en écrivant que le travail mécanique produit par la réaction S pendant un quart de période est égal à $\frac{plm}{2}$.

$$\int_0^{\frac{T}{4}} S\frac{du}{dt}dt = \frac{plm}{2},$$

D'où :

$$\alpha^3\left(\frac{e^\alpha - 1}{e^\alpha + 1} + \operatorname{tg}\frac{\alpha}{2}\right) = \frac{2pl^4}{mEI}.$$

Quand m tend vers zéro, α tend vers π : la période T est celle de la barre reposant sur deux appuis fixes. Au fur et à mesure que m croît, l'angle α diminue et la période s'allonge. Si m tend vers l'infini, α tend vers zéro, et la période vers l'infini.

Le déplacement vertical de la section médiane de la barre s'obtient en posant $x = \frac{l}{2}$.

$$m\left(\frac{e^{\frac{\alpha}{2}}}{e^\alpha + 1} + \frac{1}{2\cos\frac{\alpha}{2}}\right)\cos\frac{2\pi t}{T} > m\cos\frac{2\pi t}{T}.$$

C'est la valeur maximum de u. La ligne élastique de la barre tourne donc toujours sa concavité vers la position moyenne rectiligne.

Là encore nous constatons que le mouvement périodique de la barre ne pourrait s'établir que si les vibrations de la poutre, qui commandent les déplacements oscillatoires des appuis, avaient la même période T.

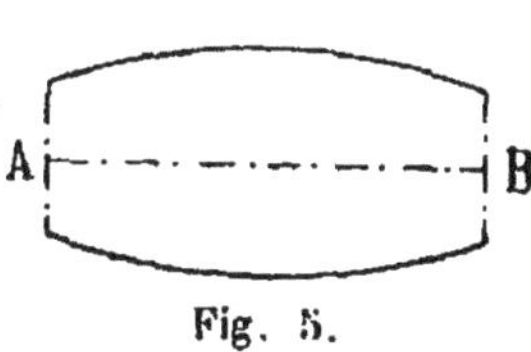

Fig. 5.

En définitive, quand une pièce vibre, sous l'influence directe d'une impulsion dynamique, elle entraîne les éléments avec lesquels elle se trouve en liaison. Mais leurs mouvements respectifs, étant en discordance, réagissent incessamment les uns sur les autres, et de ce chef ne sont plus périodiques. Il se produit, entre deux pièces reliées ensemble, des échanges d'énergie, tantôt dans un sens, tantôt dans l'autre.

Si une surcharge instantanée ou à variation rapide, au lieu d'agir directement sur une poutre, ne l'attaque que par l'entremise d'un élément interposé, son action dynamique subit une atténuation. Une partie de l'énergie fournie par la descente verticale de la surcharge est retenue par l'intermédiaire et absorbée par son propre mouvement vibratoire. Le surplus n'est transmis qu'avec un certain étalement ou retard, qui en réduit l'effet.

On sait qu'une voie ferrée dont on fixerait directement les rails sur les membrures des poutres principales d'un pont, serait très dure : au passage des trains en vitesse, les poutres se trouveraient exposées à des réactions brutales. On les soulage notablement en intercalant entre la voie et les poutres des éléments élastiques de transmission : traverses ou longrines en bois, longerons métalliques sous rails, pièces de ponts. Tous ces organes auxiliaires jouent le rôle de ressorts amortisseurs.

19. Vibrations principales et vibrations parasites. — Quand on a calculé les efforts développés dans les divers éléments d'une construction métallique par une surcharge déterminée, ainsi que les déformations correspondantes, il est facile d'établir les caractéristiques du mouvement vibratoire qui serait imprimé à chacun d'eux par la surcharge en question, si elle venait à être appliquée de façon instantanée ou dans un temps très court. Nous les qualifierons de vibrations *principales*. Mais pour que la réalité fût conforme aux prévisions du calcul, il faudrait que toutes les barres ou poutres fussent isolées ou indépendantes. Comme en fait elles sont solidaires, chaque point de jonction sera sollicité par les mouvements propres des deux pièces en liaison. S'il y a discordance dans les amplitudes et les périodes, il se produira des résistances et des tiraillements, qui exerceront une action pertubatrice sur les vibrations principales. Entre une pièce et sa voisine, il se produira à chaque instant un échange d'énergie, alternativement dans chaque sens.

Il existe toujours dans une ossature métallique des éléments qui, soustraits à l'action de la surcharge statique, ne supportent de son chef aucun effort, et par suite n'ont pas de vibration principale propre. Mais comme elles sont liées à d'autres pièces sujettes à vibrer, elles sont entraînées dans leurs mouvements.

On s'explique de la sorte que le passage en vitesse d'un train sur un pont-rail détermine un ébranlement général de tous ses éléments, même de ceux, comme les lisses de garde-corps par exemple, qui échappent de façon absolue à l'influence directe de la surcharge.

Ce sont des vibrations *parasites*, qui viennent se greffer sur les vibrations principales, auxquelles elles empruntent leur force vive. Cet emprunt n'est pas fait une fois pour toutes : au cours de phases successives, une partie de l'énergie est restituée, pour être ensuite reprise, etc., à des époques variables et irrégulières.

Il se produit de la sorte une sorte de circulation continue de l'énergie, qui change incessamment de sens. Aucune vibration ne peut être rigoureusement périodique, puisque la vitesse est tantôt accélérée et tantôt ralentie par les réactions mutuelles des pièces en liaison.

20. Synchronisation des mouvements vibratoires. — Nous avons vu, dans l'article 17, qu'en associant deux barres dont les périodes sont inégales, on peut constituer un système composite, qui vibre régulièrement, avec une période intermédiaire entre celle de ses deux parties considérées isolément.

Il se produit dans ce cas une *synchronisation* parfaite de deux mouvements vibratoires.

Un pareil résultat n'eût pas été obtenu avec une solidarisation moins complète de ces barres. Mais il suffit qu'il existe une liaison quelconque entre deux solides élastiques, pour que leurs vibrations respectives réagissent l'une sur l'autre, avec échanges d'énergie, ainsi que nous l'avons établi. Il en résulte un ralentissement de la plus rapide, et une accélération de l'autre : leur dischronisme est atténué.

On conçoit que, dans une ossature composée d'une série de pièces reliées les unes aux autres, les réactions mutuelles, qui se manifestent dans leurs assemblages, tendent à uniformiser les mouvements vibratoires de tous ces éléments. Le déplacement moyen de l'ensemble affecte l'allure d'une oscillation irrégulière, dont la période et l'amplitude varient généralement avec le temps. Chaque barre participe à ce mouvement commun, sauf à s'en écarter plus ou moins dans le sens de la vibration qui lui serait imprimée si elle était libre.

Si, après avoir relevé, à l'aide d'un enregistreur chronométrique, les déplacements dans l'espace de tous les éléments d'un pont métallique en état de vibration, on superpose les graphiques obtenus, leur comparaison fera ressortir l'existence d'un mouvement d'ensemble, résultant de la combinaison de tous les mouvements particuliers qu'éprouveraient les différentes pièces, si elles vibraient isolément : il se produit en ce cas une synchronisation incomplète.

C'est là un phénomène de dynamique pure, indépendant de l'élasticité des matériaux. On l'observe en effet dans les systèmes animés de mouvements périodiques qui ne mettent pas en jeu cette propriété des solides naturels : telles les oscillations des ponts suspendus, qui sont causés par les déformations géométriques, et non pas élastiques, de leurs câbles flexibles.

Pour mieux faire comprendre le mécanisme de cette synchronisation, nous traiterons deux problèmes simples.

Considérons la barre appuyée à ses deux extrémités, dont il a été question dans l'article 2. Sa vibration dépend exclusivement de deux données numériques, la masse $\frac{pl}{g}$ et la réaction élastique $\frac{\pi^5 EI}{4l^4}\, lu$, l'une et l'autre à répartition uniforme.

Supposons que cette barre soit sollicitée par une force extérieure slu, également à répartition uniforme, qui, variant en grandeur et en signe comme le déplacement u de la section médiane, tende à ramener la pièce à sa position d'équilibre statique sous son propre poids pl.

On imaginera sans peine que cette hypothèse soit réalisable, par exemple à l'aide d'un système de ressorts convenablement disposés. La force slu viendra en augmentation de la réaction élastique $\frac{\pi^5 EI}{4l^4} \cdot lu$. La pièce vibrera comme si son moment d'inertie était majoré et remplacé par le moment fictif I', déterminé par la condition :

$$\frac{\pi^5 EI'}{4l^4} = \frac{\pi^5 EI}{4l^4} + s.$$

La période avait précédemment pour valeur :

$$T = \sqrt{\frac{4pl^4}{\pi^2 EIg}} = \sqrt{\pi^3 \frac{pl}{g} \cdot \frac{1}{\frac{\pi^5 EI}{4l^3}}}.$$

Elle est devenue :

$$T' = \sqrt{\pi^3 \frac{pl}{g} \cdot \frac{1}{\frac{\pi^5 EI}{4l^3} + sl}} = \sqrt{\frac{4pl^4}{\pi^2 EI'g}}.$$

La durée de la vibration est raccourcie, et tend vers zéro quand sl, ou I', se rapproche de l'infini.

Admettons à présent que la force extérieure slu soit de signe contraire à la réaction élastique : elle tire ou pousse la barre de façon à l'écarter de la position d'équilibre statique.

Le moment d'inertie fictif I' se calculera comme il suit :

$$\frac{\pi^5 EI'}{4l^4} = \frac{\pi^5 EI}{4l^4} - s.$$

I' étant plus petit que I, la période se trouve allongée. Elle tend vers l'infini quand s atteint la valeur critique $\frac{\pi^5 EI}{4l^4}$. En effet, si dans ce cas on écarte la barre de sa direction initiale, elle demeurera en repos dans sa nouvelle position, puisque la force extérieure fait exactement équilibre à la réaction élastique.

On voit donc que l'on pourra faire varier la période vibratoire de la barre depuis zéro jusqu'à l'infini, en faisant agir sur elle une force extérieure slu de grandeur et de signe convenables.

Si la force n'était pas uniformément répartie, ou si elle ne variait pas proportionnellement au déplacement u, on n'aurait plus une vibration régulière : le mouvement ne serait pas périodique, et son amplitude se modifierait incessamment. Toutefois l'examen du relevé graphique d'une série d'oscillations successives, présentant des nœuds et des ventres, ferait reconnaître l'existence d'un rythme moyen, plus ou moins altéré dans ses différentes phases, qui caractériserait l'allure générale du mouvement.

Revenons à notre barre, et supposons-la sollicitée par une force extérieure, toujours à répartition uniforme, mais dont la variation périodique ait une durée θ différente de la période T de la barre. Son expression est : $sl \sin \frac{2\pi t}{\theta}$.

Soit f la flèche statique que prendrait la barre, dans sa section médiane, sous la charge sl.

Le mouvement vibratoire imprimé à la barre par la force en question se déterminera sans peine par la méthode de calcul employée dans l'article 10, page 28. Nous rappellerons que nous avons pris la liberté d'attribuer à la période T une valeur constante moyenne, alors qu'en fait elle varie avec la force extérieure entre deux limites d'autant plus voisines que le poids propre de la barre pl est plus considérable comparativement à sl.

Sous cette seule réserve, le mouvement imprimé à la barre a pour expression :

$$y = f\left(\frac{T\theta}{T^2 - \theta^2} \sin \frac{2\pi t}{T} - \frac{\theta^2}{T^2 - \theta^2} \sin \frac{2\pi t}{\theta}\right).$$

Il est à double périodicité. Le déplacement y passe par

un maximum, positif ou négatif, toutes les fois que le temps t prend l'une des deux valeurs :

$$t' = m\frac{T\theta}{T+\theta}. \quad \text{ou} \quad t'' = m\frac{T\theta}{T-\theta}.$$

La lettre m désigne un nombre entier quelconque.
Les flèches maxima correspondantes sont :

$$Y' = f\frac{\theta}{T-\theta}\sin\frac{2m\pi\theta}{T+\theta}, \quad \text{et} \quad Y'' = f\frac{\theta}{T+\theta}\sin\frac{2m\pi\theta}{T-\theta}.$$

Ces flèches varient avec le nombre m. La suite des vibrations présente donc une série de ventres et de nœuds, correspondant tantôt à un temps t', et tantôt à un temps t''. Y', ou Y'', est nul quand le produit $\frac{m}{4}\cdot\frac{\theta}{T+\theta}$, ou $\frac{m}{4}\frac{\theta}{T-\theta}$, est un nombre entier pair. Inversement, si c'est un nombre impair, Y', ou Y'', atteint sa limite supérieure, $f\frac{\theta}{T-\theta}$ ou $f\frac{\theta}{T+\theta}$.

Dans le cas particulier où les durées θ et T sont égales, l'expression du déplacement y devient :

$$y = \frac{f}{2}\left(\sin\frac{2\pi t}{T} - \frac{\pi t}{T}\cos\frac{2\pi t}{T}\right).$$

Il n'y a plus qu'une seule périodicité : le cycle s'accomplit toujours dans le temps T. La flèche maximum a pour expression :

$$Y' = \pm\frac{f}{2}\frac{\pi t'}{T}, \text{ pour } \cos\frac{2\pi t'}{T} = \mp 1.$$

Elle augmente proportionnellement au temps.

Cette amplification progressive du déplacement s'observe effectivement dans les mouvements pendulaires où l'énergie acquise ne se dissipe que lentement, sous l'influence de la résistance de l'air et des frottements du mécanisme. On sait que, dans le jeu de la balançoire, des impulsions rythmées peuvent augmenter presqu'indéfiniment l'espace parcouru à chaque oscillation.

Il n'en est pas de même pour les mouvements vibratoires, en raison de leur amortissement rapide. Après un petit nombre de périodes, la perte d'énergie compense le travail mécanique fourni par la force extérieure, et le mouvement périodique prend une amplitude constante (art. 21).

21. Amortissement des vibrations. — Les vibrations élastiques s'amortissent rapidement. L'énergie du mouvement, — qui est tantôt potentielle et correspond au travail mécanique des tensions intérieures développées dans la matière, quand la vitesse est nulle, et tantôt cinétique quand ces tensions disparaissent avant de changer de signe —, se dissipe partiellement dans le passage d'un état à l'autre. C'est là un phénomène régi par une loi physique qui échappe aux investigations théoriques. L'observation seule peut nous renseigner à son sujet.

Nous signalerons toutefois un point sur lequel des recherches expérimentales pourraient fournir des indications intéressantes. En même temps que l'énergie vibratoire change d'état, elle se déplace plus ou moins, suivant que la région des plus fortes tensions est voisine ou non de celle des plus grandes vitesses.

Il serait désirable de vérifier si ce transport accélère l'amortissement, en donnant lieu à une déperdition d'énergie en supplément de celle due au changement d'état.

Supposons que l'on fasse vibrer isolément deux ressorts à boudin, de périodes inégales, et que l'on détermine pour chacun la loi de décroissance des vibrations, en mesurant son *décrément.*

Si ensuite on les attelle ensemble, en reliant leurs extrémités libres, on verra si l'énergie se dégage plus rapidement. Dans le cas de l'affirmative, on serait autorisé à en rechercher la cause dans les échanges d'énergie qui s'effectuent entre eux, au cours de chaque changement d'état.

Considérons d'autre part une barre plate qui soit appuyée à ses deux extrémités : le déplacement de l'énergie vibratoire ne s'effectue guère qu'à l'intérieur de chaque section transversale, parce qu'il y a sensiblement égalité dans cette section entre la quantité d'énergie cinétique, au quart de la période, et la quantité d'énergie potentielle, à la demi-période.

Mais il en serait autrement pour une barre encastrée à un bout et libre à l'autre : l'énergie potentielle est maximum dans la section d'encastrement, et nulle à l'extrémité libre ; c'est exactement l'inverse pour l'énergie cinétique. Ce transport périodique d'énergie, d'une extrémité à l'autre de la même pièce, s'opère-t-il sans déchet ? Il semblerait facile de s'en assurer en faisant vibrer côte à côte les deux barres de sections transversales identiques, dont on réglerait les longueurs respectives dans le rapport de 5 à 3, de façon que leurs périodes fussent égales. On verrait bien si l'amortissement est plus rapide pour la seconde que pour la première.

Ce problème est intéressant au point de vue de la stabilité des constructions métalliques. Il est hors de doute que les vibrations parasites activent l'amortissement, en empruntant leur puissance aux vibrations principales, qu'elles affaiblissent et appauvrissent. Mais leur influence résulte-t-elle uniquement de ce qu'elles ouvrent une nouvelle porte de sortie à l'énergie, qui s'écoule par des barres soustraites à l'action directe de la surcharge ? Ou bien la circulation de l'énergie, résultant des échanges qui s'opèrent incessamment entre les barres solidaires, est-elle un agent efficace de l'extinction du mouvement ?

A l'appui de cette dernière opinion, nous pouvons citer un exemple susceptible d'être invoqué en sa faveur.

Le pont des *Saints-Pères*, construit à Paris en 1830 par *Polonceau*, offrait cette particularité, fort rare dans les ponts-routes, d'être sujet, sous le passage des charges roulantes, à des vibrations de grande amplitude, et par suite à période relativement longue, dont l'amortissement était lent, ce qui donnait lieu à des phénomènes de résonance très caractérisés, quand plusieurs véhicules lourds venaient à se succéder. La cause en était d'ailleurs facile à discerner. Les arcs du pont, encastrés sur leurs sommiers, sont tubulaires, avec un profil ovale. Le moment d'inertie de leur section transversale est environ le tiers de celui de la section à double té, de même hauteur, que l'on aurait pu réaliser avec la même quantité de métal. La hauteur est d'ailleurs faible par rapport à l'ouverture de l'arche. De plus ces arcs sont en fonte, métal dont le coefficient d'élasticité est la moitié de celui du fer ou de l'acier.

En définitive, le moment de rigidité EI n'est guère que le sixième de celui de l'arc en acier laminé de même hauteur, auquel on attribuerait le profil classique en double té. Toutes choses égales d'ailleurs, le rapport des flèches prises par ces deux types, sous une même charge, serait de 6 à 1, et celui des périodes vibratoires de $\sqrt{6}$ à 1. On aurait un écart encore plus grand si la hauteur de l'arc en acier atteignait la valeur usuellement admise par les praticiens pour une arche de pareille ouverture.

Nous signalerons en dernier lieu que les tympans, d'une forme tout à fait spéciale au type Polonceau, sont constitués par des anneaux en fonte qui n'apportent aucune gêne à la libre déformation des arcs, si bien que ceux-ci vibrent comme s'ils étaient isolés.

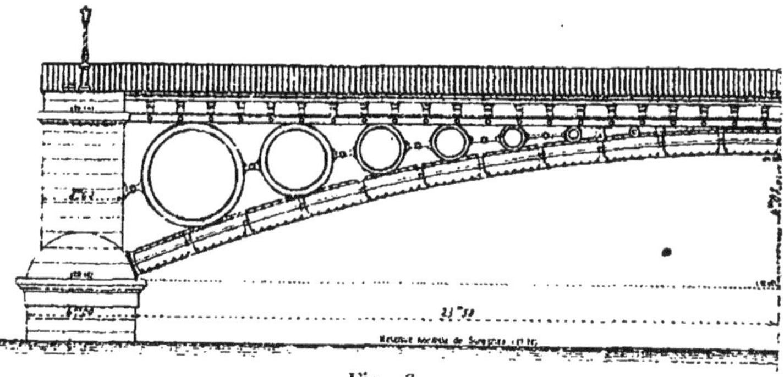

Fig. 6.

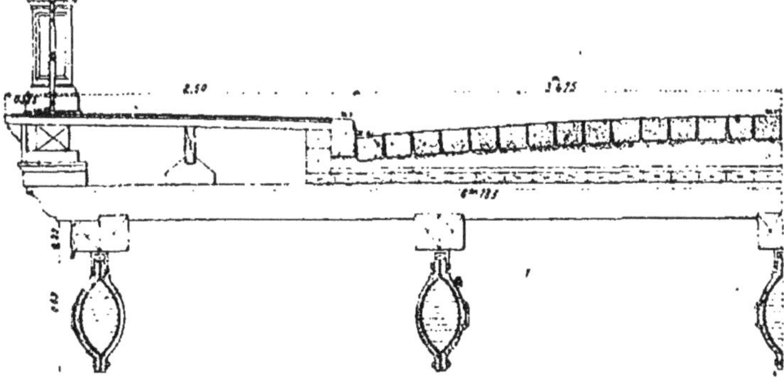

Fig. 7.

Le tablier (fig. 6 et 7) était constitué par des longerons et des pièces de pont en bois, portant un plancher en madriers jointifs, surmonté lui-même d'un remblai de terre graveleuse, sous chaussée pavée avec forme de sable : c'était un matelas dépourvu d'élasticité, qui suivait pas-

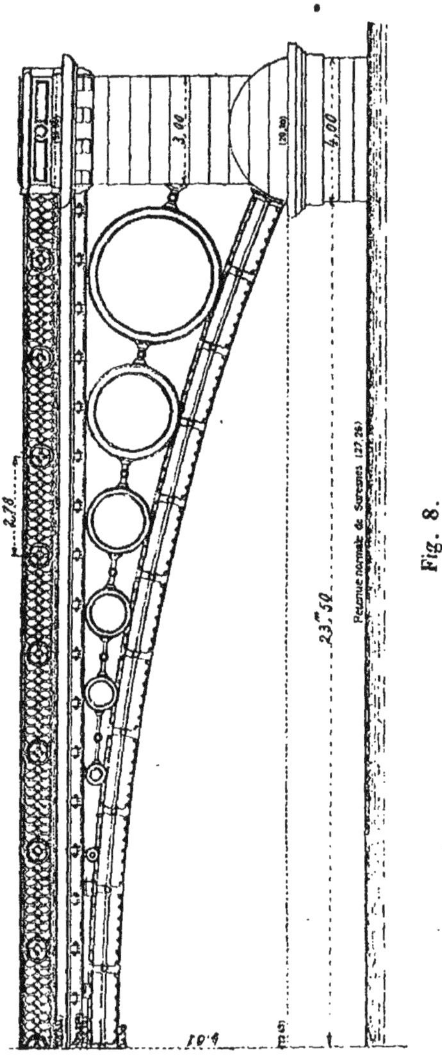

Fig. 8.

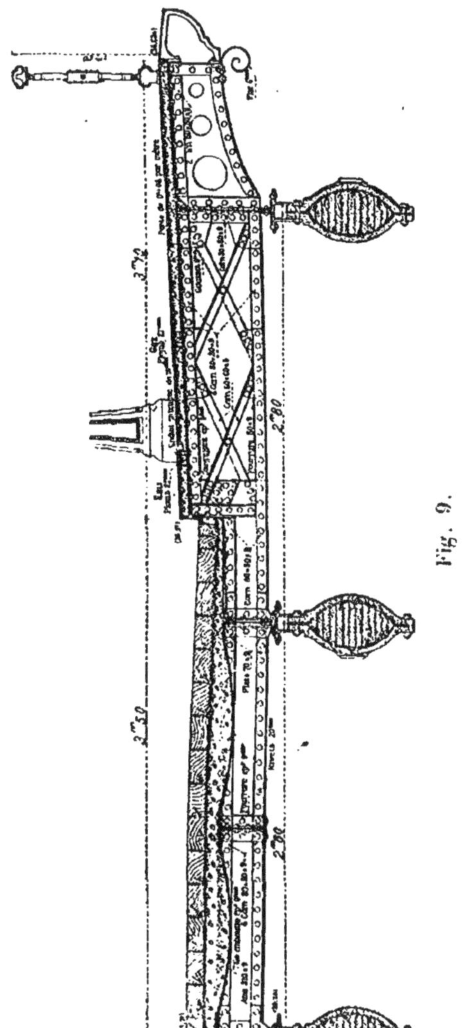

Fig. 9.

sivement les mouvements des arcs, mais sans vibrer lui-même. Le garde-corps, avec lisse et barreaux en fonte, était excessivement grêle, et n'opposait aucune résistance à la flexion.

On a refait, il y a quelques années, le tablier du pont. mais en substituant à la charpente en bois une ossature métallique rivée, avec couverture en tôles embouties, et pavage en bois sur une mince couche de béton (fig. 8 et 9). Le nouveau garde-corps en fonte est très solide.

La charge permanente n'a pas été modifiée.

A cette époque, les avis ont été très partagés sur les résultats à attendre du nouveau dispositif. D'aucuns pensaient que la substitution à l'ancien matelas inerte (remblai sur madriers juxtaposés sans liaison) d'une carcasse métallique à éléments rivés entre eux, n'aboutirait qu'à aggraver l'agitation fébrile du pont, qui incommodait et inquiétait le public, tenté d'y voir l'indice d'un manque de solidité. Les partisans du projet espéraient au contraire que la discordance intentionnellement réalisée entre les périodes vibratoires des arcs en fonte et du tablier en acier laminé aurait une influence favorable. Il semble que l'événement leur ait donné raison. Les figures 10 et 11 sont les relevés graphiques des mouvements vibratoires du pont, fournis avant et après la réfection du tablier par des appareils enregistreurs *Manet-Rabut* (1), auxquels on a imprimé une grande vitesse de déroulement. en vue d'obtenir une représentation très nette de la courbe sinueuse figurative du mouvement.

Les relevés des figures 12 et 13 ont été obtenus en faisant marcher les appareils enregistreurs à allure très lente. Les mouvements vibratoires sont représentés par

(1) C'est M. l'Inspecteur général Rabut qui, sur notre demande, a procédé lui-même aux expériences dont les résultats sont inscrits sur les figures 10 à 13.

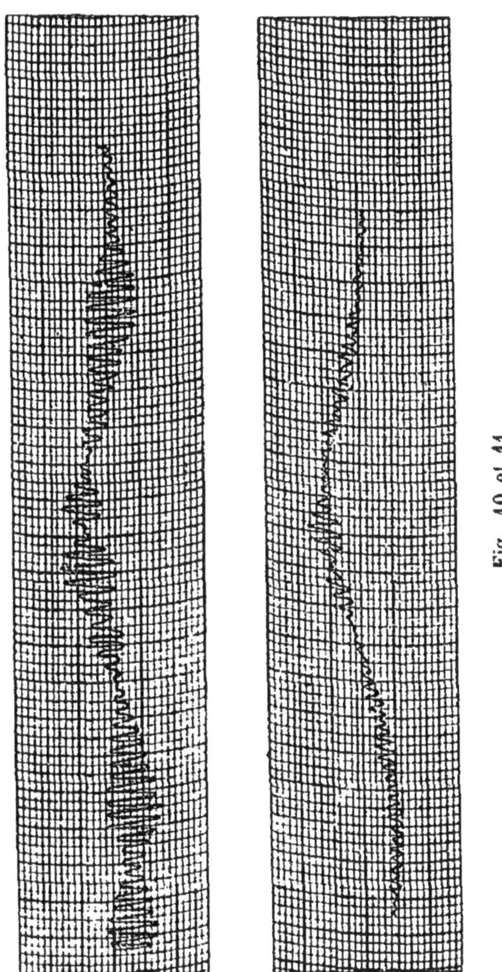

Fig. 10 et 11.

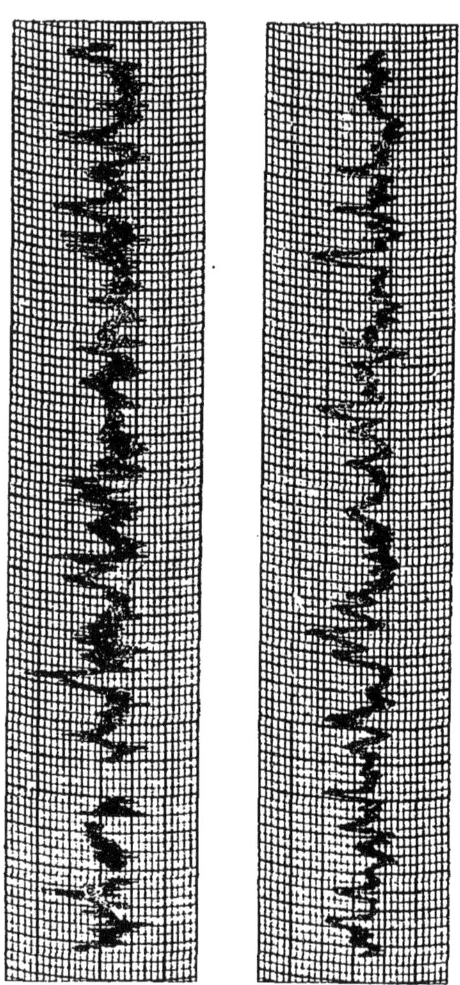

Fig. 12 et 13.

une tache confuse qui se superpose à la courbe des *oscillations statiques* de l'arc (Voir ci-après l'article 25 du chapitre II).

L'examen de ces graphiques suggère les observations suivantes. La flèche statique, et, par voie de conséquence, la période vibratoire, n'a pas été diminuée de façon bien sensible : par conséquent la rigidité du pont a peu varié, et on en doit conclure que la quantité d'énergie soutirée aux arcs pour alimenter les vibrations parasites du tablier est en somme peu importante. Cependant les phénomènes de résonance ont presqu'entièrement disparus, ce qui implique un amortissement rapide des vibrations. Les trépidations de l'ouvrage modifié ne sont guère plus marquées aujourd'hui que celles des autres ponts en fonte de la traversée de Paris. On serait porté à en rechercher la cause dans les échanges d'énergie qui s'opèrent incessamment entre les deux systèmes associés, tablier et arcs, dont les périodes sont très différentes.

Mais comme, en matière expérimentale, il est dangereux d'invoquer l'argument *Post hoc, ergo propter hoc*, nous nous abstiendrons de conclure dans aucun sens.

L'exemple cité prouve simplement qu'il y aurait intérêt et utilité à élucider la question par des recherches de laboratoire, organisées en vue de séparer les effets des différentes causes qui peuvent intervenir dans l'amortissement des vibrations, et d'en mesurer les grandeurs respectives.

CHAPITRE DEUXIÈME

CONDITIONS DE STABILITÉ DES PONTS SOUS LES SURCHARGES MOBILES

SOMMAIRE :

22. — Surcharge uniforme roulante.

23. — Surcharge concentrée en un point.

24. — Convoi formé d'une série d'essieux.

25. — Combinaison des deux mouvements oscillatoire et vibratoire.

26. — Rupture des poutres.

27. — Vibrations longitudinales des barres de treillis ou de triangulation.

28. — Conséquences éventuelles d'une déformation permanente. Dépérissement des rivets.

CHAPITRE DEUXIÈME

CONDITIONS DE STABILITÉ DES PONTS SOUS LES SURCHARGES MOBILES

---

22. Surcharge uniforme roulante. — Supposons qu'une surcharge uniforme, formant un convoi de longueur indéfinie, s'engage sur le pont. Si sa vitesse est grande, il provoquera dans les poutres un mouvement vibratoire, qui se propagera de l'extrémité atteinte en premier jusqu'à l'autre bout de la travée. Pour soumettre la question au calcul, nous admettrons que l'effet produit dans *la section médiane* soit assimilable à celui d'une surcharge uniforme complète ql, que l'on appliquerait progressivement sur l'ouvrage de telle façon que la flèche statique correspondante fût à un moment quelconque égale à celle due au convoi lui-même, dans la position qu'il occupe. Il semble que ce *postulatum* ne puisse conduire à des résultats trop éloignés de la vérité. Au surplus il est susceptible d'une vérification expérimentale, par la comparaison des indications du calcul avec les lignes d'influence des déplacements de la section médiane, relevées au cours d'une épreuve par poids roulants.

Soient v la vitesse du train et l l'ouverture de la travée, supposée indépendante. Le temps θ nécessaire pour que le tablier soit entièrement couvert sera $\frac{l}{v}$.

La convention précitée conduirait à attribuer à la surcharge uniforme hypothétique, appliquée sur toute l'ouverture pendant le temps θ, l'expression suivante :

$$\chi = \frac{q}{2}\left[4,8\left(\frac{t}{\theta}\right)^2 - 3,2\left(\frac{t}{\theta}\right)^4\right], \text{ pour } 0 < t \leqslant \frac{\theta}{2};$$

$$\chi = \frac{q}{2}\left[2 - 4,8\left(\frac{\theta - t}{\theta}\right)^2 + 3,2\left(\frac{\theta - t}{\theta}\right)^4\right], \text{ pour } \frac{\theta}{2} \leqslant t \leqslant \theta.$$

Mais on peut, sans erreur sensible, substituer à ces deux formules, déduites de la Résistance des Matériaux, l'expression suivante :

$$\chi = \frac{q}{2}\left(1 - \cos\frac{\pi t}{\theta}\right).$$

Nous retombons sur un problème déjà traité (art. 10). Nous jugeons inutile de reproduire les équations du mouvement vibratoire énoncées précédemment. Nous avons trouvé que la flèche dynamique avait pour expression :

$$f \frac{T^2}{T^2 - 4\theta^2} \cos\frac{\pi\theta}{T}.$$

en désignant par f la flèche statique correspondant à la surcharge complète ql.

Pour tirer parti de ce résultat, il convient de rechercher entre quelles limites peut varier pratiquement le rapport $\frac{\theta}{T}$, pour un pont-rail à travée indépendante en acier laminé.

La flèche statique totale F, relative à la charge permanente et à la surcharge complète cumulées, est toujours comprise entre le maximum $\frac{l}{600}$, relatif à une poutre triangulée d'égale résistance ayant une faible hauteur $\left(\frac{1}{12}\right.$de l'ouverture$\left.\right)$, où le métal travaillerait uniformément au taux élevé de 12 kilogs par millimètre carré ; — et le minimum $\frac{l}{1600}$, pour une poutre à paroi pleine, dont la hauteur serait $\frac{l}{8}$, avec un travail moyen, aussi faible que possible, de 8 kilogs par millimètre carré. Ce dernier cas ne se présente guère que pour les très petites travées, et pour les éléments de tablier, longerons et pièces de pont. Le premier chiffre se rapporterait au contraire aux poutres de très grande ouverture, 100 mètres et au delà, et de petite hauteur, où l'on aurait économisé le métal autant qu'il est permis, sans tenir compte du vent.

En appliquant la formule $T = \sqrt{\frac{\pi^3}{g}} F$, on arrive à cette conclusion que la durée de la période pourra varier entre $0{,}045\sqrt{l}$ et $0{,}075\sqrt{l}$.

La durée θ du chargement de l'ouvrage est $\frac{l}{v}$.

D'où :

$$\frac{\sqrt{l}}{0{,}075\,v} < \frac{\theta}{T} < \frac{\sqrt{l}}{0{,}045\,v}.$$

On doit admettre comme limites extrêmes des vitesses à considérer celles de 11 mètres par seconde (ou 40 kilomètres à l'heure), et de 33 mètres par seconde (ou 120 kilomètres à l'heure).

Pour $v = 11$ m., $\frac{\theta}{T}$ sera compris entre $\frac{\sqrt{l}}{0{,}8}$ et $\frac{\sqrt{l}}{0{,}5}$.

Pour $v = 33$ m., les limites seront $\frac{\sqrt{l}}{2{,}5}$ et $\frac{\sqrt{l}}{1{,}5}$.

Ainsi que nous l'avons signalé plus haut, la donnée

$\frac{\sqrt{l}}{1,5}$ se rapporte aux ponts de faible ouverture, et l'autre aux portées grandes ou exceptionnelles.

Considérons par exemple trois poutres dont les longueurs entre appuis soient respectivement de 4 mètres, 36 mètres et 100 mètres. On pourra, pour la vitesse de 120 kilomètres à l'heure, se baser sur les valeurs suivantes du rapport $\frac{\theta}{T}$:

$$l = 4 \text{ m.} ; \frac{\theta}{T} = \frac{\sqrt{l}}{1,5} = 1,33 ;$$

$$l = 36 \text{ m.} ; \frac{\theta}{T} = \frac{\sqrt{l}}{2} = 3,$$

$$l = 100 \text{ m.} ; \frac{\theta}{T} = \frac{\sqrt{l}}{2,5} = 4.$$

Nous avons inscrit dans le tableau ci-joint une série de valeurs numériques de la flèche dynamique $\frac{T^2}{T^2 - 4\theta^2} \times \cos \frac{\pi\theta}{T}$ correspondant à des valeurs du rapport $\frac{\theta}{T}$ comprises entre zéro et 7.

$\frac{\theta}{T}$	$\frac{T^2}{T^2-4\theta^2}\cos\frac{\pi\theta}{T}$	$\frac{\theta}{T}$	$\frac{T^2}{T^2-4\theta^2}\cos\frac{\pi\theta}{T}$	$\frac{\theta}{T}$	$\frac{T^2}{T^2-4\theta^2}\cos\frac{\pi\theta}{T}$
0,10	0,996	1,10	0,248	2,50	0
0,20	0,963	1,20	0,170	3,00	0,029
0,30	0,918	1,30	0,102	3,50	0
0,40	0,858	1,40	0,045	4,00	0,016
0,50	0,785	1,50	0	4,50	0
0,60	0,702	1,60	0,033	5,00	0,010
0,70	0,612	1,70	0,056	5,50	0
0,80	0,519	1,80	0,068	6,00	0,007
0,90	0,425	1,90	0,070	6,50	0
1,00	0,333	2,00	0,067	7,00	0,005

Nous en conclurons que, pour les cas envisagés, les flèches dynamiques, mesurant l'aggravation du travail élastique, seraient :

pour $l =$ 4 m. 0.1 f
$l =$ 36 m. 0.03 f
$l =$ 100 m. 0.016 f.

Les majorations sont insignifiantes pour les travées de 100 mètres et de 36 mètres, où l'on pourrait à la rigueur assimiler les trains d'épreuve à des surcharges mobiles à répartition uniforme. Pour le pont de 4 mètres, l'augmentation de 1/10e n'est pas négligeable : mais c'est ici un résultat sans intérêt, parce que le poids roulant est réparti sur un trop petit nombre d'essieux chargeant le tablier pour que l'on puisse faire abstraction de cette concentration de la surcharge en quelques points. L'hypothèse de la répartition uniforme doit être écartée.

23. Surcharge concentrée en un point. — Nous conviendrons encore, sous réserve d'une confirmation expérimentale, d'assimiler l'effet produit par un poids isolé animé de la vitesse v à celui d'une surcharge uniforme ql que l'on appliquerait, puis que l'on retirerait graduellement, pendant la durée $\theta = \frac{l}{v}$ de la traversée du pont, dans des conditions telles qu'à un moment quelconque la flèche statique correspondant à cette surcharge fût, pour la section médiane, égale à celle que produirait le poids roulant lui-même, dans la position qu'il occupe.

D'après la Résistance des Matériaux, cette surcharge uniforme variable s'exprimerait comme il suit en fonction du temps :

$$\chi = 3q\frac{t}{\theta}\left[1 - \frac{4}{3}\left(\frac{t}{\theta}\right)^2\right], \text{ pour } o < \frac{t}{\theta} < \frac{1}{2} ;$$

et

$$\chi = 3q\frac{\theta - t}{\theta}\left[1 - \frac{4}{3}\left(\frac{\theta - t}{\theta}\right)^2\right], \text{ pour } \frac{1}{2} < \frac{t}{\theta} < 1.$$

Mais on peut, sans erreur sensible, substituer à ces deux formules la relation unique :

$$\chi = q \sin\frac{\pi t}{\theta}.$$

Nous retrouvons encore un problème précédemment traité (art. 10).

Deux déplacements maxima, au-dessous de la position initiale d'équilibre, sont à considérer : le premier Y_1

se produit pendant la traversée du pont, au bout du temps $t_1 < \theta$; le second Y_2 est la flèche dynamique du mouvement vibratoire qui persiste dans la poutre après l'expiration du temps θ, l'essieu étant sorti du pont.

Nous avons inscrit dans le tableau suivant les valeurs numériques des rapports $\frac{t_1}{\theta} \cdot \frac{Y_1}{f} \cdot \frac{Y_2}{f}$, correspondant à une série de données $\frac{\theta}{T}$ variant de zéro à 10.

Si l'on se reporte aux exemples de l'article précédent, on obtient les indications suivantes :

Pont de 4 m. : $\frac{\theta}{T} = 1,33$: $Y_1 = 1,58\, f$; $Y_2 = 0,500\, f$.

Pont de 36 m. : $\frac{\theta}{T} = 3$: $Y_1 = 1,17\, f$; $Y_2 = 0,343\, f$.

Pont de 100 m. : $\frac{\theta}{T} = 4$: $Y_1 = 1,13\, f$; $Y_2 = 0,254\, f$.

D'après ce qui a été dit au sujet de l'amortissement des vibrations élastiques, il est permis de supposer que la perte de l'énergie serait plutôt en rapport avec le nombre des périodes qui se sont succédées depuis l'origine du mouvement qu'avec le temps écoulé, en valeur absolue. A ce compte, les chiffres inscrits plus haut dépasseraient d'autant plus la réalité expérimentale que le rapport $\frac{\theta}{T}$ serait plus grand. Le déchet sur les prévisions théoriques croîtrait à peu près comme la racine carrée de l'ouverture. En outre, l'amortissement serait plus marqué pour le déplacement Y_2, qui se manifeste après la libération du pont, que pour le déplacement Y_1, produit au cours de la durée θ du passage. Ce n'est là qu'une opinion *probable*.

$\frac{\theta}{T}$	$\frac{t_1}{\theta}$	$\frac{Y_1}{f}$	$\frac{Y_2}{f}$	$\frac{\theta}{T}$	$\frac{t_1}{\theta}$	$\frac{Y_1}{f}$	$\frac{Y_2}{f}$
0,1	1	0,123	0,396	2,1	0,384	1,227	0,479
0,2	1	0,453	0,770	2,2	0,370	1,186	0,388
0,3	1	0,892	1,102	2,3	0,357	1,151	0,266
0,4	1	1,306	1,373	2,4	0,345	1,116	0,134
0,5	1	1,571	1,571	2,5	0,333 0,667	1,083	0
0,6	0,909	1,690	1,685	3	0,571	1,170	0,343
0,7	0,833	1,750	1,714	3,5	0,500	1,167	0
0,8	0,769	1,768	1,659	4,0	0,444	1,126	0,234
0,9	0,714	1,759	1,528	4,5	0,400 0,600	1,070	0
1,0	0,667	1,732	1,333	5	0,545	1,099	0,202
1,1	0,625	1,694	1,089	5,5	0,500	1,100	0
1,2	0,588	1,649	0,816	6,0	0,461	1,083	0,168
1,3	0,556	1,600	0,531	6,5	0,429 0,571	1,056	0
1,4	0,526	1,550	0,253	7	0,533	1,071	0,143
1,5	0,500	1,500	0	7,5	0,500	1,071	0
1,6	0,476	1,450	0,214	8	0,470	1,062	0,125
1,7	0,455	1,402	0,378	8,5	0,444 0,556	1,046	0
1,8	0,435	1,356	0,481	9	0,526	1,055	0,111
1,9	0,417	1,311	0,538	9,5	0,500	1,055	0
2,0	0,400	1,268	0,533	10	0,476	1,049	0,100

24. Convoi formé d'une série d'essieux. — Il semble qu'il n'y ait qu'à établir, pour chaque essieu considéré à part, l'équation du mouvement qui le concerne, en tenant compte du décalage en temps, à partir de l'entrée sur le pont du premier. On totaliserait ces résultats partiels, et on obtiendrait un mouvement résultant, représenté par une ligne sinueuse qui, à raison de phénomènes d'interférence, comporterait des nœuds et des ventres. Mais pour déterminer l'amplitude maximum à attendre de la superposition de toutes ces vibrations partielles, qui prendraient naissance successivement au fur et à mesure de l'avancement du convoi, il faudrait connaître la loi de l'amortissement. L'examen des graphiques d'épreuves nous a donné l'impression que la dispersion de l'énergie était suffisamment rapide pour que la croissance de l'amplitude s'arrêtât après la pénétration d'un très petit nombre d'essieux. Par exemple, au point de vue vibratoire seulement, une locomotive isolée, et séparée de son tender, produirait des effets équivalents à ceux d'un train lourd à double traction. C'est là une question qui ne saurait être tranchée que par la discussion des faits observés. Nous la laisserons donc en suspens. En supposant que nos idées soient justes, on en conclurait que pour les ponts dont l'ouverture dépasse une vingtaine de mètres, le coefficient de majoration dynamique, sous la surcharge la plus défavorable, serait sensiblement inférieur à celui qui a été calculé précédemment pour une charge isolée unique. L'influence de la vitesse aurait donc en somme assez peu d'importance.

Mais il n'en serait pas de même pour les petits ponts, où le rapport $\frac{\theta}{T}$ se rapproche de l'unité, parce que la vibration produite par un essieu pourrait bien n'être que peu amortie au moment de sa sortie, et viendrait renforcer les effets dynamiques des essieux suivants, encore engagés sur l'ouvrage.

Nous conclurons donc provisoirement, jusqu'à ce que l'expérience ait confirmé ou démenti nos pronostics, qu'il serait prudent de tabler sur une majoration dynamique notable, de 1,6 par exemple, pour les petites portées. Mais ce coefficient diminuerait rapidement, au fur et à mesure que l'ouverture croîtrait. Pour $l = 20$ m., il ne dépasserait vraisemblablement pas 1,20, et tomberait au-dessous de 1,05 pour $l = 100$ m. Il est bien entendu que cette majoration serait appliquée à la flèche statique maximum correspondant à la position la plus défavorable du train engagé sur le pont.

25. Combinaison des deux mouvements oscillatoire et vibratoire. — Quand un train franchit un pont à faible vitesse, on peut faire inscrire par un enregistreur chronométrique la ligne représentative de la flèche statique, qui varie avec la position occupée par le train sur le tablier, depuis son entrée jusqu'à sa sortie. Si l'on fait ensuite passer le train à toute vitesse, le mouvement vibratoire imprimé aux poutres se traduira sur le graphique par une courbe sinueuse serpentant autour de la ligne représentative des flèches statiques. L'écart vertical entre ces deux tracés fera connaître, à un moment quelconque, le déplacement dû à la vibration, qui doit toujours être rapporté à la position moyenne correspondant à l'équilibre statique sous la surcharge telle qu'elle est distribuée (fig. 10, 11 et 14).

Considérons à présent un pont-route constitué par une travée de 28 mètres, sur lequel s'engagerait un convoi d'automobiles, écartées l'une de l'autre de 20 mètres d'axe en axe, avec 4 mètres de distance entre les deux essieux également chargés de chaque véhicule. Suivant que la section médiane de la poutre sera sur la verticale du centre de gravité d'un camion, ou sur le milieu de l'intervalle qui les sépare, la flèche statique variera dans le rapport de 1 à 0,83. La ligne représentative de cette flèche, enregistrée pendant le passage du convoi à faible vitesse, aura donc une allure sinusoïdale, la distance horizontale mesurée sur le graphique entre deux sommets consécutifs correspondant au temps nécessaire pour qu'un véhicule avance de 20 mètres. Si l'on ignorait les circonstances

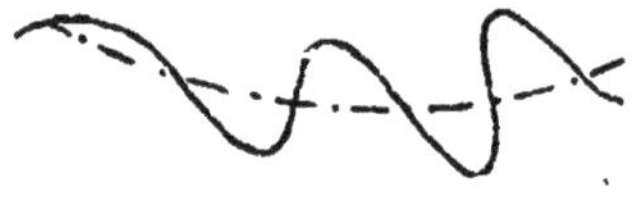

Fig. 14.

dans lesquelles ce tracé a été obtenu, on pourrait s'imaginer qu'il se rapporte à un mouvement vibratoire dont la période serait $\frac{20}{v}$.

Supposons maintenant que le convoi passe à grande vitesse. Le mouvement vibratoire se traduira par une courbe sinueuse serpentant autour de la ligne ondulée représentative des flèches statiques successives. Mais comme la période $\sqrt{\frac{\pi^2}{g}F}$ de la vibration sera à coup sûr beaucoup plus petite que le temps $\frac{20}{v}$, on distinguera sans peine sur le graphique les effets dus à ces deux causes : on reconnaîtra qu'il y a superposition d'une vibration à une oscillation (fig. 15).

Mais passons au cas d'un pont-rail de 4 mètres, que traverserait un convoi à essieux équidistants de 2 mètres. La flèche statique variera entre 1 et 1,38, suivant que la section médiane se trouvera sous une roue, ou sera encadrée par deux essieux. La durée de l'oscillation sera $\frac{2}{v}$.

Si la vitesse est suffisante pour faire vibrer la poutre, la période, calculée par la formule $T = 0{,}05\sqrt{l}$, sera de 0" 1. Pour qu'elle soit égale à la durée de l'oscillation, il suffira d'une vitesse de 20 mètres à la seconde, soit

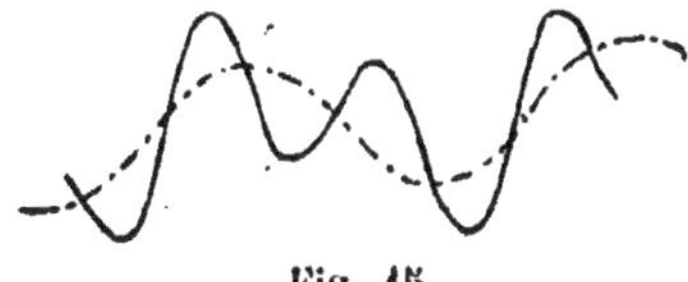

Fig. 15.

72 kilomètres à l'heure. Il pourra en ce cas y avoir synchronisme entre les deux mouvements, dont les effets s'ajouteront et seront figurés sur le relevé de l'appareil enregistreur par une ligne ondulée continue.

Il nous a semblé que, dans l'interprétation des graphiques d'épreuves des ponts, on a parfois attribué à la vibration seule un déplacement qui, pour une part notable, provenait de l'oscillation statique ; on en a déduit un coefficient de majoration dynamique exagéré. Il serait

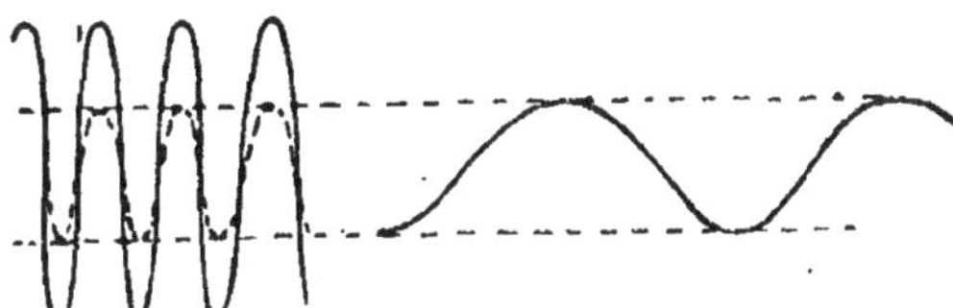

Fig. 16.

facile, en pareil cas, de faire la part de chacune des causes en jeu, en renouvelant l'épreuve à faible vitesse de façon à supprimer la vibration. L'amplitude de la ligne sinueuse correspondant à l'oscillation serait à retrancher du graphique relatif à l'épreuve en vitesse, pour ne retenir que l'effet produit par la vibration (fig. 16).

Il n'est pas supposable qu'il puisse y avoir synchronisme rigoureux et concordance absolue entre les deux mouvements. Leur coexistence s'accuse donc par des irrégularités ou décrochements qui troublent la continuité de la courbe enregistrée, et peuvent permettre de séparer les effets dus aux deux causes en jeu (fig. 17).

Fig. 17.

Toutefois cette remarque n'a pas toujours un intérêt pratique. Pour les petits ponts, dont la période est très courte, la ligne tracée se compose d'éléments presque rectilignes, formant ligne brisée, et le tremblement du stylographe masque les irrégularités. Il arrive même que les replis sont assez rapprochés pour qu'étant donnée la grosseur du trait, ils se touchent et se recouvrent, si bien que le graphique se présente sous l'aspect d'une tache confuse, dont on ne distingue que les contours supérieur et inférieur. Le seul renseignement que l'on en puisse tirer est l'amplitude du déplacement total (fig. 12 et 13).

Fig. 18.

26. Rupture des poutres. — La ruine d'un pont peut être la conséquence d'un défaut local, dû soit à une erreur dans la conception ou dans les calculs de stabilité, soit à une défectuosité ou à une malfaçon dans l'usinage ou le montage. Nous écarterons cette éventualité, où l'effondrement se produirait parce qu'une pièce pailleuse se serait cassée, ou parce qu'un assemblage médiocre aurait cédé.

Nous admettrons que, l'ouvrage ayant été projeté et exécuté dans des conditions satisfaisantes, la marge de sécurité soit, pour tous ses éléments, celle sur laquelle on avait compté. Nous rechercherons les conditions dans lesquelles il pourra tomber, si l'on fait croître indéfiniment le poids de la surcharge roulante, de manière à dépasser non pas seulement la limite de sécurité convenue, mais bien la limite d'élasticité, jusqu'à atteindre celle de rupture.

Nous retombons ainsi sur le problème traité dans l'article 15. En raison de la ductilité du métal, la poutre prendra avant de se rompre une flèche considérable. Admettons, pour fixer les idées, que cette flèche représente le cinquantième de l'ouverture : les épreuves à outrance effectuées sur des poutres en acier laminé ont prouvé expérimentalement que cet ordre de grandeur peut être atteint et même dépassé. Pour calculer l'effet de la vitesse avec une surcharge roulante capable de produire une pareille déformation, il faut envisager la période conventionnelle :

$$T' = \sqrt{\frac{\pi^3}{g} F} = \sqrt{\frac{\pi^3}{g} \frac{l}{50}} = 0.25 \sqrt{l}.$$

Si un poids isolé traverse le pont à la vitesse de 32 mètres par seconde, ou 115 kilomètres à l'heure, la durée θ du passage sera $\frac{l}{32}$.

D'où :

$$\frac{\theta}{T'} = \frac{\sqrt{l}}{8}.$$

Soit $l = 100$ m. On trouve : $\frac{\theta}{T'} = 1,25$. Le coefficient de majoration dynamique est supérieur à 1,65. Or, avec la même allure de marche, on a obtenu précédemment, pour le cas de la surcharge normale du pont, une majoration de 1,13 seulement. On voit donc que l'aggravation proportionnelle de la fatigue du métal, due à l'effet de la vitesse, très modérée quand la limite d'élasticité n'est pas atteinte, devient considérable dès qu'on la dépasse.

Pour $l = 36$ m., $\frac{\theta}{T'} = 0,75$. La vitesse envisagée a la valeur critique pour laquelle le coefficient de majoration atteint son maximum de 1,76. Il en est de même de la vibration finale, dont l'amplitude est 3,3 f, après que le poids mobile est sorti du pont.

Lorsqu'on fait passer sur un pont-rail un train notablement plus lourd que celui en vue duquel l'ouvrage a été calculé, il est donc prudent de ralentir son allure. Dans l'exemple que nous considérons, une vitesse de 8 mètres par seconde produira la même aggravation proportionnelle des efforts subis par la poutre que la vitesse de 32 mètres, pour le cas, traité dans l'article 22, de la surcharge normale envisagée pour le calcul de l'ouvrage.

Supposons enfin que l'on pose : $l = 4$ mètres. On trouve

$$\frac{\theta}{T'} = 0,25.$$

Le rapport $\frac{Y_1}{f}$ s'abaisse à 0,667, et le rapport $\frac{Y_2}{f}$ à 0,942. La flèche maximum, produite par le poids roulant à la vitesse de 32 mètres, est moindre que la flèche statique f, et elle ne se réalise qu'après la traversée du pont. Si on ralentit la marche, la fatigue du pont va croissant. La vitesse la plus défavorable, correspondant au maximum 1,75 du rapport $\frac{Y_1}{f}$, ne serait que de 10 mètres par seconde.

Ainsi se justifie l'opinion assez répandue que pour franchir un pont branlant de faible ouverture, on a le choix entre deux alternatives : avancer avec une extrême lenteur, ou passer à une allure vertigineuse. Le second parti peut même sembler préférable pour la sécurité des voyageurs, si le train est très court, parce que l'effondrement, à supposer qu'il se produise, ne surviendra vraisemblablement qu'après la traversée du pont. Il suffira que le rapport $\frac{\theta}{T}$ descende au-dessous de 0,50, ce qui, pour l'ouverture de 4 mètres, correspondrait seulement à une vitesse de 16 mètres par seconde, ou 60 kilomètres à l'heure.

Une voie de chemin de fer est divisée par ses traverses en travées de 0 m. 60 à 0 m. 80, dont chacune, ne portant jamais qu'un essieu, peut être franchie en 0″02. Le rapport $\frac{\theta}{T}$ doit être ici très petit, même si la limite d'élasticité n'est pas dépassée. On se trouverait donc dans le cas, traité à l'article 9, où il est permis de remplacer le facteur $\sin \frac{\pi\theta}{T}$ par $\frac{\pi\theta}{T}$.

En somme, si les appuis des rails étaient absolument fixes, comme des massifs en maçonnerie, les roues sauteraient de traverse en traverse, et la voie se trouverait soumise à des réactions violentes, qui multiplieraient les cassures de rails. On a effectivement reconnu la nécessité de donner de l'élasticité aux supports, en faisant reposer les traverses sur une couche de ballast présentant une certaine compressibilité. Il en est de même de la plateforme inférieure, qui est généralement en terre. Dans les tranchées rocheuses, la voie est toujours plus dure, et l'on juge souvent opportun d'augmenter l'épaisseur du ballast.

L'appui ainsi disposé s'affaissant légèrement sous la charge, il en résulte un accroissement du déplacement vertical du rail et par suite un allongement de la période. La conséquence en est que le coefficient de majoration dynamique est diminué.

Si l'on voulait faire porter la voie sur de la maçonnerie, il conviendrait d'établir un support continu, de façon à soutenir le patin en tous ses points, et à ne faire travailler le rail à la flexion que dans une faible mesure.

Nous remarquerons d'autre part que la rupture d'un rail doit vraisemblablement être imputée au passage d'un essieu lourd, qui ne peut appartenir qu'à la locomotive. Or il arrive fréquemment que les déraillements dus à cette cause se produisent après le passage de la machine, et sous une roue de wagon beaucoup plus légère. On serait tenté d'en conclure que l'impulsion dynamique de l'essieu lourd n'a produit son effet qu'après le passage de celui-ci, ainsi que le fait pressentir la théorie quand le rapport $\frac{\theta}{T}$ s'abaisse au-dessous de 1/2.

On s'est parfois préoccupé des conséquences du choc que subit une roue lorsqu'elle franchit un joint de la voie ferrée. S'il n'existait aucune liaison entre les abouts contigus de deux rails consécutifs, il se produirait entre eux une dénivellation, due tant à l'abaissement élastique de l'extrémité du rail portant la roue, lequel fléchit comme une console, qu'à l'affaissement sous la charge de l'appui voisin, conséquence de l'élasticité de la traverse ainsi que de la compressibilité du ballast et de la plateforme elle-même. La roue abordant le joint viendrait se heurter contre la saillie d'about du rail encore non chargé, qu'il lui faudrait escalader avant de le ramener au niveau du rail précédent.

Si l'éclissage des deux rails assurait de façon rigoureuse la continuité de la voie, il n'y aurait pas de dénivellation, et partant plus de choc. Mais, abstraction faite de ce que les éclisses sont des pièces d'une fabrication peu soignée, que l'on met en place sans ajustage préalable, l'assemblage qu'elles réalisent est très imparfait. Pour assurer convenablement la transmission de l'un à l'autre rail de l'effort de flexion, il faudrait établir une liaison intime entre les faces opposées du champignon et du patin. La fixation de l'éclisse sur l'âme par des boulons à mi-hauteur du rail, qui est imposée par les circonstances, est un dispositif insuffisant et défectueux.

D'autre part, l'obligation d'accorder aux rails la faculté de se dilater et se contracter librement, lors des changements de température, conduit à ovaliser les trous de boulons et à limiter le serrage des écrous.

Il résulte de toutes ces circonstances de fait que l'éclissage ne supprime pas la dénivellation entre le rail chargé et le rail libre. Il ne fait que l'atténuer, dans une mesure qui dépend de la constitution de la voie, et du soin apporté dans sa pose et dans son entretien.

Désignons par d cette dénivellation, par r le rayon de la roue, et par v la vitesse de marche du train. Le point de la jante qui vient heurter l'extrémité immobile du rail libre est animé de la vitesse de choc $v\sqrt{\frac{2d}{r}}$. C'est à sa composante verticale $v\frac{\sqrt{(2r-d)d}}{r}$ que sont dus l'écrasement de l'arête terminale du rail, et le martelage de sa face de roulement dans le voisinage immédiat du joint. La composante horizontale $\frac{vd}{r}$ est toujours très petite : mais étant donné que la charge de la roue peut atteindre 10 tonnes, alors que le poids d'un coupon de rail peut n'être que de 400 kilos et ne dépasse guère une tonne, on conçoit que la poussée horizontale puisse déplacer le rail, et provoquer son cheminement dans le sens de la marche du train.

L'intensité du choc dépend à la fois de la vitesse dont il vient d'être parlé et de la constitution du matériel roulant. C'est le poids non suspendu, roue, boite à graisse, bielle, etc.. qui intervient de façon active. L'influence du poids transmis par les ressorts de suspension fixés sur la boite à graisse est de faible importance : elle peut d'ailleurs s'exercer tantôt dans un sens et tantôt dans l'autre, en réduisant ou majorant l'action dynamique, suivant que le ressort, en état de vibration, tend à se redresser ou à s'aplatir au moment où la roue franchit le joint. Le freinage du véhicule, qui entraîne un accroissement notable de la charge non suspendue, augmente dans une très large mesure la violence du choc : c'est là un fait d'expérience indéniable.

Quant à la vitesse de choc $v\sqrt{\frac{2d}{r}}$, elle croît d'abord plus vite que la vitesse de marche v, parce que la dénivellation d grandit avec celle-ci. Mais il vient un moment où cette dénivellation passe par un maximum, pour une vitesse de marche qui serait peut-être de l'ordre de grandeur de 8 mètres à 10 mètres par seconde. Ensuite, ainsi que nous l'avons déjà signalé, la flèche élastique diminue, et tend rapidement vers zéro dès que v est suffisamment grand.

Il est permis de supposer que la vitesse de choc passera elle-même par un maximum, puis ira en décroissant.

Si ces prévisions théoriques sont fondées, on devra constater expérimentalement, sur un train rapide partant d'une station d'arrêt, que le choc perçu au passage de chaque joint augmente d'abord d'intensité au fur et à mesure que la marche s'accélère, mais qu'il vient un moment où il commence à s'atténuer jusqu'à devenir peu sensible, quand le train rapide est en pleine vitesse.

Pour soustraire les petits ponts métalliques, où la voie est souvent posé sur traverses, à l'influence nuisible du choc, on a l'habitude de régler la distribution des rails de façon qu'il n'y ait pas de joint sur l'ouvrage. Avec des coupons dont la longueur ne descend plus aujourd'hui au-dessous de 12 mètres, et peut s'élever jusqu'à 24 mètres, ce résultat s'obtient sans difficulté. Dans les ponts de plus grande longueur, la voie est de préférence posée sur longuerines : il est présumable que ce dispositif, qui supprime le porte-à-faux de l'éclissage, est de nature à réduire la dénivellation au joint. S'il en était ainsi, il serait loisible, même avec la pose sur traverses, d'atténuer le choc en intercalant un bout de longuerine entre les deux supports qui encadrent le joint. Mais il faudrait, bien entendu, que l'expérience fît ressortir l'utilité et l'efficacité d'une pareille mesure : dans les problèmes de ce genre, une induction purement théorique est, par elle-même, sans valeur pratique.

Au surplus, nous n'avons pas connaissance que, dans les grands ponts métalliques, on ait jamais constaté dans les éléments du tablier, longerons et poutrelles, voisins d'un joint un excès de fatigue, qui aurait pu être décelé par une plus grande fréquence dans la rupture ou le relâchement des rivets d'attache.

Il est donc possible que le choc en question, qui n'est jamais bien violent, sauf dans le cas de freinage à bloc et surtout dans celui de patinage des roues, n'exerce d'action dommageable que sur les éléments atteints directement, rails et roues : ceux-ci étaleraient et amortiraient suffisamment l'action dynamique, pour que le contre-coup supporté par les éléments de la charpente métallique, et notamment par les pièces du tablier, fût sans inconvénient pour la stabilité.

27. Vibrations longitudinales des barres de treillis ou de triangulation. — Ces éléments des ponts en charpente rivée travaillent principalement à l'extension ou à la compression simple, sous l'influence de l'effort tranchant.

Soit a la longueur d'une barre, pour laquelle la fatigue du métal, sous la charge permanente et la surcharge statique la plus défavorable, atteindrait la valeur la plus élevée, soit 12 kilos par millimètre carré.

L'allongement correspondant sera 0,0006 a. La période de la vibration longitudinale aura pour expression :

$$T = \sqrt{\frac{4\pi^2 F}{g}} = 0,05\sqrt{a}.$$

On ne se sert pas de poutres à treillis pour les travées

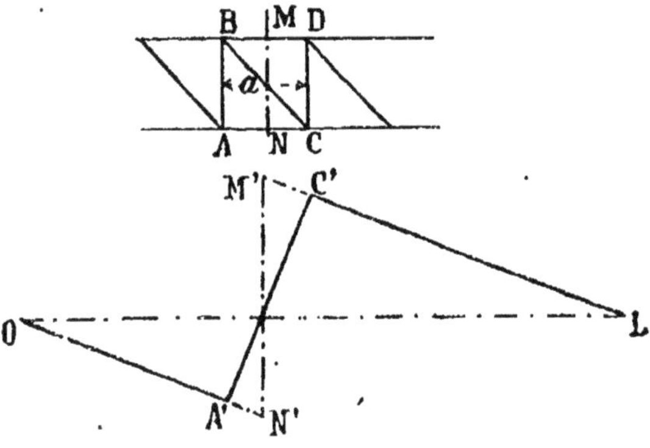

Fig. 19.

de moins de 20 mètres. D'autre part la longueur a n'est jamais supérieure au 1/8 de l'ouverture. On reconnaîtra aisément que la seule cause susceptible d'imprimer à la barre une vibration longitudinale de quelque importance est le changement brusque que subit son effort, quand une surcharge concentrée Q franchit en vitesse le panneau de triangulation dont elle fait partie.

On sait que l'effort tranchant de la poutre diminue instantanément de Q dans la section transversale que traverse le poids : la ligne d'influence de cet effort, pour la section transversale MN, est la ligne brisée ON'M'L, dont le côté M'N' est vertical. Mais, pour les barres de triangulation AB et BC, le changement ne s'opère que graduellement, parce que le longeron AC, qui porte la voie ferrée, répartit le poids Q entre les deux nœuds de triangulation A et C, dans le rapport inverse des distances du mobile à chacun d'eux. La ligne d'influence de l'effort supporté par un élément du panneau est ainsi la ligne brisée OA'C'L, dont le côté central A'C' est oblique, et a ses deux extrémités sur les verticales des nœuds A et C.

Si l'on désigne par f l'allongement statique de la barre correspondant à l'effort tranchant Q, et par θ le temps nécessaire pour que le poids mobile se rende de A en C, les équations du mouvement vibratoire seront :

Première phase :

$$0 \leqslant t \leqslant \theta\,;$$

$$y_1 = \frac{f}{\theta}\int_0^t \left(1 - \cos\frac{2\pi(t-z)}{T}\right)dz = \frac{f}{\theta}\left(t - \frac{T}{2\pi}\sin\frac{2\pi t}{T}\right).$$

Deuxième phase :

$$t > \theta\,;$$

$$y_1 = \frac{f}{\theta}\int_0^\theta \left(1 - \cos\frac{2\pi(t-z)}{T}\right)dz$$

$$= f\left(1 - \frac{T}{\pi\theta}\sin\frac{\pi\theta}{T}\cos\frac{\pi}{T}(2t-\theta)\right).$$

Le déplacement maximum est $f\left(1 + \frac{T}{\pi\theta}\sin\frac{\pi\theta}{T}\right)$. Il décroît à partir de $2f$ au fur et à mesure que θ augmente à partir de zéro. Pour $\theta = \frac{T}{2}$, sa valeur est $f\left(1 + \frac{\pi}{2}\right)$.

Nous avons énoncé plus haut l'expression de la période :

$T = 0{,}05\sqrt{a}$. Si la barre est inclinée à 45° et fait suite à un montant vertical, la durée θ sera $\frac{a}{v\sqrt{2}}$.

Avec une vitesse v de 33 mètres par seconde, on aura donc : $\frac{\theta}{T} = \frac{\sqrt{a}}{2{,}3}$.

La longueur a d'une barre de triangulation peut varier entre 3 mètres, pour une poutre de 20 mètres, et 16 mètres pour un bow-string de 100 mètres. Dans ces conditions, $\frac{\theta}{T}$ étant compris entre 0,75 et 1,7, le déplacement maximum aurait pour limites extrêmes 1,30 f et 1,15 f.

L'aggravation du travail, due à la vitesse, est en somme modérée. Elle ne s'appliquerait d'ailleurs qu'à la fraction de l'effort total correspondant au poids des essieux qui, dans l'instant considéré, traversent le panneau de triangulation.

Si l'on convient de frapper d'un coefficient de majoration conventionnel l'effort *total* produit par tous les essieux traversant le pont, ce coefficient devra être plus petit pour un élément de panneau de rive que pour une barre du panneau central.

Il sera d'ailleurs moindre pour une grande travée que pour une petite, parce que la longueur de la pièce est en relation avec l'ouverture l.

Dans les ponts en charpente rivée, les barres de triangulation sont sujettes à vibrer transversalement, parce que la rigidité des assemblages et l'excentricité des attaches les font travailler à la flexion.

Le phénomène du fouettement peut se manifester dans la région centrale de la travée, où l'effort tranchant est alternativement positif ou négatif.

On fait disparaître, ou tout au moins on atténue dans une large mesure, les déplacements transversaux dans les poutres à triangulations multiples, qui sont les types les plus usités, en rivant ensemble, en leurs points de contact, les pièces qui se croisent.

Dans les ponts américains, les barres, articulées à leurs extrémités, ne sont soumises à aucun effort secondaire de flexion. Les pièces tendues, généralement très grêles, seraient sujettes au fouettement dans la région centrale, mais on y obvie d'habitude en leur donnant, lors du montage, une tension initiale, ainsi qu'il a été expliqué dans le tome I du Cours de ponts métalliques.

28. Conséquences éventuelles d'une déformation permanente. Dépérissement des rivets. — Pour une poutre soustraite à toute action dynamique, comme un poitrail encastré dans un mur de bâtiment, une déformation permanente peut ne pas inspirer d'inquiétude, si elle ne témoigne pas d'une fatigue exagérée du métal : il n'en peut résulter en effet aucune diminution dans sa résistance aux efforts statiques.

Il n'en est pas de même pour les ponts. Ainsi qu'on l'a déjà signalé (art. 15), la flèche permanente causée par une action dynamique puissante sera augmentée par une nouvelle épreuve opérée dans des conditions identiques. La résistance vive ira en diminuant, et il pourra à la longue arriver que la marge de sécurité devienne insuffisante.

A la suite du classement dans le réseau d'intérêt général de chemins de fer d'intérêt local, on a été parfois conduit à faire passer sur de grands ponts des trains beaucoup plus lourds et plus rapides que ceux en vue desquels ces ouvrages avaient été calculés.

Si un pont a été bien étudié et bien exécuté, de telle façon qu'il y ait homogénéité dans tous ses éléments essentiels en ce qui touche la fatigue maximum du métal, une légère déformation permanente, imputable à un excès de charge et à un excès de vitesse, pourra ne pas justifier de crainte sérieuse pour l'avenir. On sait qu'en effet l'accroissement de la flèche, sous le passage réitéré de convois lourds et rapides, sera peu marqué : on tendra bientôt vers une limite qui ne sera jamais atteinte.

Mais il arrive parfois qu'une flèche permanente, même très peu visible, est l'indice non d'une faiblesse constitutionnelle du pont, ayant donné lieu à un léger dépassement de la limite d'élasticité dans la généralité de ses éléments, mais bien d'une exagération de la fatigue du métal localisée dans un petit nombre de pièces. S'il en est ainsi, la chute pourra survenir, sans que la déformation ait été sensiblement aggravée, parce qu'une barre défectueuse ou trop grêle se sera rompue, ou parce qu'un assemblage médiocre aura cédé.

Il est donc prudent en pareil cas, de procéder à une visite minutieuse de la construction, et de refaire au besoin ses calculs de stabilité. Il sera facile de remédier aux insuffisances locales reconnues. Mais si l'on a constaté que tous les éléments ont des dimensions convenables, et ne présentent aucune trace d'avarie ou de dépérissement, on pourra avoir confiance, à condition bien entendu que la flèche permanente ne progresse plus.

Il existe d'ailleurs, dans toutes les charpentes métalliques, des éléments soumis en permanence à un travail d'extension supérieure à la limite d'élasticité et voisin de la limite de rupture, qui n'ayant par suite qu'une résistance vive très réduite, présentent une certaine fragilité : ce sont les rivets posés à chaud.

Une preuve irréfutable du rôle important que joue la résistance vive au point de vue de la tenue sous les actions dynamiques est fournie par le fait suivant. Dans les ponts métalliques, la rupture ou le relâchement des rivets est un incident assez fréquent. On le constate dans les visites périodiques de l'ouvrage ou lorsqu'on refait les peintures. On en est quitte d'ailleurs pour remplacer les mauvais rivets. Or, dans les bâtiments dont la charpente métallique n'est soumise qu'à des actions statiques, les dégradations de ce genre sont très rares et presqu'exceptionnelles.

Il paraît bien difficile d'apprécier les efforts accidentels que déterminent dans les rivets les mouvements vibratoires des pièces qu'ils assemblent. Les échanges incessants d'énergie potentielle, dont nous avons signalé l'importance, s'opèrent par leur entremise dans des conditions qui nous échappent. On serait tenté de supposer que ces échanges jouent un rôle néfaste et abrègent l'existence des rivets.

C'est effectivement dans les assemblages mutuels des pièces sujettes à vibrer *en discordance* que les ruptures et relâchements se produisent, alors que l'on n'en constate pour ainsi dire jamais dans les assemblages intérieurs d'une même poutre ou barre, par exemple à la jonction des platebandes et de l'âme d'un double té composé. Mais comme ces mêmes assemblages critiques sont d'autre part soumis à des efforts secondaires de flexion, qui, sans aucun doute, aggravent notablement la fatigue des rivets, il n'est pas nécessaire d'invoquer une nouvelle cause pour expliquer leur dépérissement. Il y a donc lieu de réserver toute opinion sur ce point, tant que l'expérience n'aura pas mis en relief la coexistence des deux influences, agissant ensemble pour achever la détérioration d'un élément déjà altéré par écrouissage avant la mise en service du pont.

Cette instabilité du rivet, imputable à son mode de pose, a conduit les praticiens à lui appliquer des règles de sécurité beaucoup plus sévères qu'aux autres éléments de la charpente métallique.

Le Règlement ministériel français sur le calcul des ponts métalliques a fixé, pour le travail à l'extension des barres en acier laminé, moulé ou forgé, une limite qui, suivant les circonstances, peut varier entre 8 kilogs et 13 kilogs par millimètre carré de section. Ces limites sont réduites de un cinquième pour le travail au cisaillement : 6 k. 4 et 10 k. 4.

Pour les rivets fabriqués avec un métal moins résistant, mais de qualité très supérieure au point de vue de la ductilité, le travail au cisaillement autorisé est un peu moindre : 6 kilogs et 9 k. 75.

Mais il est recommandé d'éviter autant que possible l'emploi de rivets travaillant à l'extension dans les assemblages de quelqu'importance, ou tout au moins de ne pas les faire entrer en ligne de compte pour justifier la solidité de ces assemblages. En cas de nécessité, toutefois, il sera permis de faire état de leur concours, mais à condition que la fatigue calculée ne dépasse pas le tiers de la limite autorisée pour le cisaillement : 2 kilogs et 3 k. 25.

Ces dispositions sont motivées par le fait que la pose à chaud n'a pas altéré dans une mesure appréciable la résistance du métal au cisaillement, tandis qu'elle lui a fait subir un allongement voisin de celui de rupture, qui, sans changer sa résistance aux efforts statiques de traction, a réduit considérablement sa résistance vive, et par suite ses moyens de défense contre les vibrations longitudinales. Or les rivets travaillant à l'arrachement des têtes sont nécessairement le siège de vibrations de ce genre, qui au contraire n'affectent pas les pièces travaillant au cisaillement.

CHAPITRE TROISIÈME

ÉTUDE & DISCUSSION DU RÉGLEMENT FRANÇAIS POUR LE CALCUL ET LES ÉPREUVES DES PONTS MÉTALLIQUES

SOMMAIRE :

§ 1. — **Limites de sécurité.**

§ 2. — **Renseignements généraux sur le calcul des ponts.**

CHAPITRE TROISIÈME

ÉTUDE & DISCUSSION DU RÈGLEMENT FRANÇAIS POUR LE CALCUL ET LES ÉPREUVES DES PONTS MÉTALLIQUES

§ 1. — Limites de sécurité

29. Charge permanente et actions statiques. — En principe, on pourrait sans inconvénient élever jusqu'à la limite d'élasticité le travail d'une pièce soumise exclusivement à des efforts statiques, dûs à la charge permanente, aux changements de température, etc. Mais il faut bien tenir compte dans la pratique de ce que les efforts calculés, d'après lesquels on arrête les sections transversales des éléments d'une construction, peuvent être notablement inférieurs aux efforts réels, par suite de circonstances variées, dont nous énumérerons quelques-unes, à titre d'exemples.

1° Les bases du calcul n'ont pas toujours l'exactitude et la précision désirables. A supposer que l'on n'ait commis aucune erreur et aucun oubli dans l'évaluation des poids, il est prudent d'envisager le cas où, pour donner satisfaction à des besoins nouveaux, on imposerait aux ponts des charges plus fortes. Depuis l'origine des chemins de fer, les poids, par mètre courant ou par essieu, n'ont pas cessé de grandir, aussi bien pour les wagons que pour les machines. Il est probable que l'on n'en restera pas là. Il importe donc d'attribuer aux ouvrages un excès de solidité, pour n'être pas contraint de les renforcer ou de les reconstruire, toutes les fois que l'on jugera à propos d'alourdir encore les trains. On peut en dire autant pour les ponts-routes, que les camions automobiles soumettent à des surcharges qui n'étaient pas connues il y a dix ans avec la traction par chevaux.

On a largement évalué les effets des changements de température. Mais pour simplifier la préparation des projets, on admet qu'à un moment quelconque, le degré thermométrique est identiquement le même dans toutes les parties de l'ossature. Or il n'en peut être ainsi, et l'expérience prouve qu'il existe à cet égard, entre les différentes pièces, des écarts donnant lieu accidentellement à des efforts anormaux de traction, de flexion ou de torsion, que décèlent des déformations apparentes et caractéristiques.

2° Les méthodes classiques en usage pour le calcul des ponts fournissent, avec une exactitude et une précision en général satisfaisantes (quand on n'a pas trop simplifié le problème pour en faciliter la résolution), les valeurs des efforts *principaux*. Mais elles laissent de côté les efforts dits *secondaires* (1), bien que ceux-ci soient souvent susceptibles de majorer notablement la fatigue des pièces : la théorie et l'expérience sont d'accord sur ce point.

1. Il doit être bien entendu que l'on pourrait sans difficulté sérieuse évaluer par le calcul ces efforts secondaires, avec une approximation suffisante. Mais on se dispense d'habitude de cette recherche, qui ne paraît pas bien utile, et compliquerait outre mesure la tâche du calculateur.

3° En exécution, on ne réalise que de façon approximative et imparfaite les dispositions envisagées dans les calculs. Les formules de la Résistance des Matériaux supposent en fait que tous les éléments sont soudés ensemble et constituent un solide unique et homogène, alors qu'en réalité la transmission des efforts de l'un à l'autre s'opère par l'entremise des rivets, dans des conditions mal connues et sans doute fort éloignées de celles qu'impliquent les règles de calcul en usage.

4° Dans l'usinage et le montage, il faut s'attendre à quelques mécomptes ou malfaçons : soufflures ou pailles dans une barre, serrage insuffisant ou exagéré des rivets, etc. Il en résulte toujours un affaiblissement de la construction.

5° En dépit des précautions prises par les services d'entretien pour assurer la conservation et le renouvellement des peintures, la rouille s'attaque toujours aux produits sidérurgiques. Il est arrivé que des passages supérieurs, particulièrement exposés aux fumées des locomotives, ont été rongés en moins de trente ans. Les rivets, dont le métal écroui est plus aisément oxydable, étaient complètement détruits.

On paraît renoncer aujourd'hui à l'emploi exclusif du métal pour les ponts de cette catégorie : on enrobe les poutres dans du béton, ou bien l'on fait usage du béton armé. Mais, même dans les circonstances normales, il convient de prévoir que, du fait de la rouille, l'ossature perdra progressivement de sa résistance. Le Règlement des ponts métalliques prescrit, dans le chapitre relatif aux ponts-canaux, d'augmenter les épaisseurs des fers particulièrement exposés à l'oxydation.

Ces considérations ont conduit les constructeurs à restreindre le travail calculé à la moitié environ de la limite d'élasticité, soit 12 kilos par exemple pour l'acier laminé, dont la déformation permanente n'apparait qu'à 24 kilos. Cette règle empirique, établie par les praticiens, a jusqu'à présent donné satisfaction. Il n'y a donc aucun motif pour l'abandonner.

Mais rien ne prouve que, dans l'avenir, les progrès réalisés par la science et par l'industrie, ainsi que l'expérience acquise sur la tenue et la longévité des ponts métalliques, dont le plus ancien n'a pas encore un siècle d'existence, ne justifieront pas un changement, en plus ou en moins.

Dès à présent d'ailleurs, cette convention ne doit pas être considérée comme sacramentelle et intangible. Suivant les circonstances, un constructeur avisé pourra à juste titre se tenir au-dessous ou aller au delà. Le Règlement l'y autorise, et, à titre d'exemple, a consacré deux exceptions, l'une relative aux rivets dont il a été déjà parlé, et l'autre aux barres de treillis ou de triangulation des poutres principales, pour lesquelles il a été prescrit une réduction des limites de sécurité, fixée au $\frac{1}{10}$ en principe, mais pouvant, suivant les circonstances, être relevée ou abaissée. Les ingénieurs ont été invités à s'inspirer de cette disposition, toutes les fois qu'une pièce, ne rentrant pas dans cette catégorie, leur semblerait exposée à subir, du fait des efforts secondaires, un supplément de fatigue dépassant les conditions habituelles ou normales.

Dans les ponts-rails, la charge permanente est constituée en presque totalité par les éléments de l'ossature métallique, poutres et tablier, qui contribuent à la stabilité et ont été calculés en conséquence. La couverture de la plateforme et le matériel de la voie ne représentent qu'un tonnage relativement insignifiant. Il en résulte que, pour un type déterminé, le poids par mètre courant croit régulièrement avec l'ouverture. D'ailleurs, à égalité de portée, l'écart entre deux types différents n'a jamais qu'une importance réduite.

On pourrait excepter certains ouvrages où l'on a posé la voie sur ballast. Cette disposition n'est pas à recommander quand le platelage de la plateforme est métallique : le ballast constitue un réservoir permanent et inépuisable, d'où l'eau suinte sur les pièces métalliques, qu'elle salit et corrode. Aujourd'hui on ne l'admet plus guère qu'à la condition soit de soustraire les pièces métalliques à l'invasion des eaux pluviales par un enrobage en béton, soit de les protéger par une couverture étanche en béton armé. La charge permanente est alors notablement augmentée, mais il ne s'agit jamais que de petits ponts, pour lesquels la surcharge d'épreuve est si considérable que la charge permanente, même très majorée par les accessoires de la plateforme et de la voie, n'intervient que pour une faible part dans les efforts.

Les ponts-routes au contraire, comportent, en outre de la charge permanente *active*, représentée par l'ossature métallique, une charge permanente *inerte*, souvent beaucoup plus importante, constituée par les trottoirs, la chaussée, la couverture de la plateforme, éventuellement les conduites d'eau, etc. Cette charge inerte peut varier entre des limites très écartées, depuis 200 kilos par mètre carré pour le simple platelage en bois jusqu'à 1.200 kilos et davantage, quand une chaussée pavée sur forme de sable est portée par des voûtes en briques : elle peut à elle seule dépasser la charge active et la surcharge d'épreuve cumulées. On ne saurait plus ici, comme on l'a fait pour les ponts-rails, admettre que la charge permanente soit exclusivement fonction de l'ouverture. A égalité de portée, un pont-route lourd pèsera par mètre carré deux fois autant qu'un pont léger, suivant les dispositions admises pour la chaussée et la couverture de la plateforme.

Pour la même raison, la surcharge d'épreuve, toujours prépondérante dans les ponts-rails, à part les ouvrages exceptionnels dont l'ouverture dépasse 150 mètres, n'arrive jamais dans les ponts-routes à égaler la charge permanente, sauf peut-être dans les ouvrages très légers dont la longueur est de quelques mètres. Elle n'en dépasse guère la moitié et peut descendre au tiers, exceptionnellement même au quart.

Ces constatations de fait ne sont pas inutiles. Nous verrons plus loin qu'elles ont joué un rôle important dans la détermination des limites de sécurité relatives aux deux classes de ponts.

30. Ponts-rails. Charge permanente et surcharge roulante. — Les méthodes fournies par la Résistance des Matériaux ne permettent de calculer les efforts maxima développés dans les divers éléments d'un pont par la surcharge d'épreuve, qu'en supposant celle-ci immobile. Il convient donc de forcer les résultats obtenus, afin de tenir compte de la vitesse des trains.

Si l'on se reporte à nos recherches précédentes, la question apparaît comme très complexe, en raison du nombre et de la diversité des données relatives soit à la surcharge, soit à l'ouvrage lui-même, qui interviennent dans la détermination du mouvement vibratoire. Mais, eu égard aux errements pratiqués dans la conception et dans la construction des ponts, ces données ne peuvent être considérées comme des variables indépendantes, dont les valeurs respectives puissent être choisies arbitrairement. En réalité elles se commandent les unes les autres. Par exemple, ainsi que nous l'avons déjà signalé, la charge permanente est, à peu de chose près, déterminée quand on se donne l'ouverture.

On peut considérer qu'il en est de même pour la flèche statique totale, qui entre dans l'expression de la période.

En définitive, il est permis d'admettre que le coefficient de majoration dynamique dépend simplement du rapport existant entre l'effort supporté par l'élément considéré sous l'influence de la charge permanente seule, et l'effort qui lui est imposé par la surcharge la plus défavorable, à l'état de repos. C'est là un fait établi par l'expérience, et que la théorie confirme de façon suffisante. Etant donné les connaissances scientifiques et expérimentales fort incomplètes que nous possédons sur la question, on ne voit pas l'utilité de compliquer le problème, avec la perspective certaine d'aboutir à un résultat peu différent, et n'offrant d'ailleurs guère plus de garanties au point de vue de l'exactitude et de la précision.

Les praticiens ont été conduits à admettre pour valeur maximum du coefficient de majoration dynamique le nombre 1,50. Ils l'appliquent aux poutres de faible portée, aux pièces de pont et longerons de tablier, aux barres centrales de triangulation des poutres principales, etc., en un mot aux éléments pour lesquels l'effort dû à la charge permanente est faible, et à peu près négligeable devant celui que produit la surcharge.

Ce coefficient deviendrait très petit et voisin de zéro dans ceux des éléments des poutres de portée exceptionnelle où l'effort dû à la charge permanente est prépondérant.

Ces bases pratiques étant admises, quelle sera la règle applicable aux cas intermédiaires ? Etant donné que nos connaissances en la matière sont trop imparfaites pour fournir une solution pleinement satisfaisante au point de vue de la rigueur scientifique, il a paru qu'il convenait de s'en tenir à une formule simple et commode à l'usage, en ne lui imposant d'autre condition que de donner toujours des indications raisonnables et plausibles, qui ne fussent en aucun cas contredites nettement par la théorie ou par l'expérience.

La règle de sécurité inscrite dans le Règlement est (1) :

$$(1) \qquad 0,4\,c + d = 8.$$

Or nous avons vu dans l'article précédent que les constructeurs étaient convenus de limiter le travail à 12 kilos, pour les ouvrages soumis exclusivement à des actions statiques.

On déterminera donc le coefficient de majoration dynamique, correspondant à l'aggravation de travail due à la vitesse du train, en écrivant que la fatigue *réelle* atteint 12 kilos :

$$c + (1 + \alpha)\,d = 12.$$

En combinant cette formule avec la règle (1), on obtient l'expression linéaire du coefficient de majoration $1 + \alpha$:

$$1 + \alpha = 1,5 - 0,4\frac{c}{d}.$$

Quand le rapport $\frac{c}{d}$ tend vers zéro. $1 + \alpha$ atteint la valeur maximum 1,50. que la pratique a consacrée pour les éléments auxquels la charge permanente n'impose qu'un travail insignifiant et négligeable. On limite donc en ce cas la fatigue calculée à 8 kilos.

(1) Pour plus de simplicité, nous avons désigné par la seule lettre c la somme $c + t$ qui figure dans toutes les formules du Règlement.

Le coefficient se réduit à l'unité quand $c = 1,25\,d$; il n'y a donc plus de majoration, et l'on retombe sur la règle de sécurité admise pour les actions statiques : $c + d \leqslant 12$.

Mais pour que la charge permanente d'un pont-rail atteigne les 5/4 de la surcharge d'épreuve, il faut, dans une travée indépendante, que l'ouverture dépasse 120 mètres avec voie unique et 150 mètres avec deux voies. Pour une poutre continue ou un cantilever à travées solidaires, la portée à envisager serait encore notablement plus grande. En pareil cas, l'effet produit par un train en pleine marche ne diffère presque pas de celui qui résulterait d'une surcharge uniforme animée de la même vitesse : la répartition du poids entre les essieux successifs n'a ici plus guère d'influence. Or, si nous nous reportons à l'article 21, nous constaterons que pour $l = 150$ mètres, le rapport $\frac{\theta}{T}$ n'est pas moindre de 5, et la majoration théorique, pour la vitesse limite de 120 kilomètres à l'heure, se trouve réduite à 1 0/0. Elle devient donc négligeable, et l'on ne peut reprocher au Règlement de n'en avoir pas tenu compte.

Au surplus, la seconde règle de sécurité,

$$(2) \qquad c + d \leqslant 12,$$

n'a été inscrite que pour ordre, et ne présente aucun intérêt pratique. En fait, elle n'aura pas occasion de jouer, ou tout au moins son emploi ne saurait être que tout à fait exceptionnel. Dès que l'ouverture d'un pont-rail est telle que la charge permanente dépasse la surcharge d'épreuve, l'action du vent acquiert une importance telle qu'elle intervient nécessairement, en combinaison avec la surcharge d'épreuve, dans la détermination des efforts maxima supportés par les éléments des poutres principales. De sorte qu'en définitive le travail élastique total $c + d$ ne pourra jamais, dans un pont-rail, atteindre la limite supérieure de 12 kilos, parce qu'alors le travail élastique $c + d + v$, calculé avec la surcharge et le vent à 150 kilos de pression, excéderait le maximum autorisé de 12 k. 500.

L'ancien Règlement français des ponts métalliques recommandait, sans en rendre l'emploi obligatoire, une formule qui, avec les notations du nouveau Règlement, prend la forme :

$$c + d = 8 + \frac{4c}{c+d}.$$

D'où :

$$1 + \alpha = \frac{4\frac{c}{d} + 3}{3\frac{c}{d} + 2} = 1 + \frac{\frac{c}{d} + 1}{3\frac{c}{d} + 2}.$$

Cette formule figure également dans la plupart des règlements étrangers. Elle est certainement d'un emploi moins commode que la nouvelle. Mais elle a de plus le tort grave de fournir des indications absolument en désaccord avec la théorie aussi bien qu'avec l'expérience. Pour $c = 0$, elle donne bien encore : $c + d = 8$, et le coefficient de majoration dynamique a la valeur 1.50 consacrée par la pratique. Mais pour $c = \frac{5}{4} d$, elle donne $c + d = 8 + \frac{20}{9}$, et le coefficient de majoration dynamique, égal à 1,39, est manifestement exagéré : il ne devrait pas dépasser 1,01.

A la limite, quand d tend vers zéro, ce coefficient devrait être égal à l'unité, la majoration dynamique étant nulle. Or on trouve encore $1 + \alpha = 1,33$.

En somme, la règle ci-dessus implique un coefficient de majoration à peu près constant, quels que soient le poids et l'ouverture de la travée. C'est là une conception absolument erronée. Aussi bien ne semble-t-il pas que cette formule ait jamais été appliquée de façon usuelle. Il convenait donc de la faire disparaître du règlement.

Nous remarquons en dernier lieu que l'article 2 du Règlement, après avoir défini le train d'épreuve à envisager dans le calcul des ponts-rails, prescrit de relever de 20 à 26 tonnes la charge de l'essieu central de la locomotive de tête, avec réduction de 20 tonnes à 17 tonnes des poids du premier et du cinquième essieu. Cette disposition, qui ne doit être appliquée qu'aux éléments du tablier et aux travées dont l'ouverture ne dépasse pas 16 mètres, ne modifie ni le poids total de la machine, ni la position de son centre de gravité. De ce chef, les efforts calculés sur la base des charges normales des cinq essieux subissent une majoration qui est de 30 0/0 jusqu'à la portée de 3 mètres. puis va en décroissant et s'annule pour l'effort tranchant à 7 mètres, et pour le moment fléchissant à 16 mètres.

On a eu en vue de compenser en bloc deux causes d'aggravation des efforts calculés qui ne produisent d'effet que sur les petites poutres, savoir :

1° Répartition irrégulière du poids de la machine entre ses essieux, résultant soit d'un déréglage des ressorts, entre deux passages au pont à bascule, lorsque ces ressorts sont indépendants, soit des mouvements anormaux de la locomotive en pleine marche, et notamment du galop.

2° Insuffisance du coefficient de majoration dynamique, dont la règle de sécurité usuelle, que le Règlement a maintenue sans changement pour ne pas troubler les habitudes prises, a fixé le maximum à 1,50. Or nous avons vu que pour les petites portées, le calcul théorique conduit à un chiffre plus fort, 1,60 et jusqu'à 1,70.

En somme, par la combinaison de l'article 2 et de l'article 11 du Règlement, on frappe les efforts calculés pour les petites poutres de deux majorations superposées ; il en résulte un coefficient total de 1,95, égal au produit des deux coefficients partiels, 1,30 et 1,50.

Il a paru que l'on se ménageait de la sorte une marge de sécurité largement suffisante. En définitive, pour un longeron sous rail ou une pièce de pont, où la charge permanente est insignifiante, le travail élastique, calculé sur la base d'un seul essieu normal de 20 tonnes, sera en fait non de 8 kilogs par millimètre carré, mais de $\frac{8}{1,30}$ ou 6 k. 15 seulement.

Nous terminerons cette discussion par une dernière remarque. Supposons que le degré d'usure d'un pont soit, dans une certaine mesure, en rapport avec le nombre de fois où ses éléments ont subi la fatigue maximum envisagée dans les calculs de résistance. Cette hypothèse peut paraître plausible, tout au moins pour les assemblages à rivets.

Or, jusqu'à l'ouverture de 17 mètres, le train d'épreuve est réduit à une seule locomotive. Au delà, il en comporte deux : par suite, la fatigue maximum n'est plus atteinte que sous le passage des trains rapides en double traction, ce qui n'est pas un cas très fréquent. A partir de cinquante mètres, les deux machines doivent être suivies de wagons lourds, pesant quarante tonnes pour une longueur de 8 mètres entre tampons : on a donc affaire à un train de marchandises très chargé, dont l'allure est toujours modérée, et ne saurait guère dépasser la moitié de la vitesse extrême de 120 kilomètres, envisagée pour la fixation du coefficient de majoration dynamique.

Enfin, pour une ouverture voisine de cent mètres, la fatigue maximum ne se réalise plus au passage du train réglementaire, *par temps calme* Il faut l'intervention d'un vent d'autant plus vif que la travée est plus longue. Cela devient un cas très exceptionnel. Il arrive même un moment où l'action simultanée du train réglementaire et du vent le plus puissant ne produit plus l'effet théorique prévu dans les calculs de stabilité, comme on le verra dans le prochain article.

31. Ponts-Rails. Vent. — L'action dynamique du vent sur les constructions est régie par une loi physique, à coup sûr fort compliquée, sur laquelle on ne possède encore que des notions assez imparfaites. La formule empirique du Règlement n'a aucune prétention scientifique. Déduite de l'interprétation sommaire de quelques faits d'observation, et en particulier d'accidents causés par des bourrasques, elle est simple, et l'on s'en sert depuis longtemps sans avoir éprouvé de déboires.

En ce qui touche l'effet du vent combiné avec celui de la surcharge d'épreuve, les règles de sécurité édictées pour le Règlement sont les suivantes :

$$(3) \qquad 0{,}4\,c + d + v = 8 \text{ k. } 5\,;$$

$$(4) \qquad c + d + v \leqslant 12 \text{ k. } 5.$$

Elles peuvent s'interpréter comme il suit. Le travail élastique v, calculé pour le vent sur la base d'une pression statique de 150 kilogs par mètre carré, sera diminué de 0 k. 5, puis ajouté au travail d relatif à la surcharge. On appliquera la règle de sécurité (1), énoncée précédemment, au total ainsi obtenu $d + v - 0$ k. 50.

Peu importe en effet que l'on envisage un accroissement de 0 k. 50 pour la limite de sécurité R, ou une diminution égale sur le travail calculé v : le résultat sera toujours le même. Cette disposition du règlement se justifie comme il suit.

L'excédent de 1/2 kilog., sur la limite de sécurité admise pour la surcharge d'épreuve seule, suffit pour que l'on soit dispensé de calculer l'effet du vent sur les éléments de tablier, envisagés comme barres de contreventement, ainsi que sur les poutres principales des ponts d'ouvertures moyennes, pour lesquelles le travail v serait manifestement inférieur à 1/2 kilog.

Comme les rafales successives du vent peuvent, en temps de bourrasque, imprimer aux constructions métalliques des mouvements vibratoires, il a été jugé convenable de frapper le travail v — 0,5 d'un coefficient de majoration dynamique.

Ce coefficient est égal à celui de la surcharge d'épreuve, ce qui pourrait sembler excessif. Mais, à l'encontre de ce qui se passe pour la surcharge, les efforts dus au vent, insignifiants et négligeables pour les ponts d'ouverture moyenne, n'acquièrent d'importance que pour les grandes portées, alors que le coefficient de majoration dynamique est très diminué et tend vers l'unité : de sorte qu'en définitive le premier facteur du produit $(1 + \alpha)(v - 0{,}50)$ est d'autant plus petit que le second est plus grand.

On a réduit, dans le nouveau règlement, à 150 kilogs par mètre carré la pression du vent, qui antérieurement était de 170 kilogs. Or il nous paraît présumable que le coefficient de majoration $1 + \alpha$ ne doit pas dépasser 1,15, quand le travail calculé v — 0,5 s'élève à 1 kilo.

En somme, la disposition mise en vigueur n'entraîne aucune aggravation sensible sur les errements pratiqués jusqu'à ce jour, sauf bien entendu circonstances exceptionnelles.

A titre d'exemple, nous citerons le cas, qui nous a été signalé par un constructeur, d'un pont à travées solidaires de 80 mètres, avec voie unique et tablier supérieur. Mais un pareil ouvrage offre une grande prise au vent, et il n'est pas mauvais qu'en la circonstance l'application du règlement ait mis nettement en relief le fait que l'auteur du projet avait dans l'espèce réalisé les conditions les plus désavantageuses, au point de vue de la stabilité sous l'action du vent.

Quant à la limite extrême de 12 k. 50, qui ne parait pouvoir être atteinte que dans une travée dont l'ouverture dépasserait 120 mètres, elle assure largement la sécurité, parce que les données du calcul doivent être ici considérées comme irréalisables. Les ponts de cette importance sont toujours à double voie. Par suite, les efforts calculés pour la surcharge sont basés sur l'hypothèse de deux trains en double traction marchant côte à côte. Qu'un fait d'exploitation aussi insolite se produise au moment même où un ouragan exercerait sur toute la longueur du pont une pression normale de 150 kilogs par mètre carré, semblerait une supposition chimérique.

D'autre part, on admet toujours, dans le calcul de la poussée du vent, que l'écran de 3 mètres de hauteur, auquel le train est assimilé, règne sur toute l'étendue de la travée. Or, dans la position du train d'épreuve qui donne lieu au moment de flexion maximum, le tablier n'est pas entièrement couvert si la travée a plus de 40 mètres. Il reste un espace libre, entre la machine de tête et l'appui le plus voisin, dont la longueur est de 21 mètres pour l'ouverture de 120 mètres, et tend vers 24 mètres pour les portées plus grandes. Les moments fléchissants maxima, calculés pour la surcharge et pour le vent, ne peuvent donc se manifester simultanément, même dans un pont à voie unique.

Les dernières règles de sécurité, relatives au cas d'une pression de 250 kilogs, sans surcharge roulante, sont :

$$(5) \qquad 0{,}4c + w = 9 \text{ k.};$$

$$(6) \qquad c + w \leqslant 13 \text{ k.}$$

La première ne vise que les barres servant exclusivement à contreventer les ponts, pour lesquelles l'effort dû à la charge permanente est presque toujours insignifiant. La seconde, inscrite pour ordre, ne peut être d'aucun usage.

Il résulte en somme de la discussion à laquelle nous venons de nous livrer que les seules règles présentant un intérêt pratique seraient : pour les petits ponts, la règle (1) seule;
pour les ponts d'ouverture moyenne ou grande, (1), (3) et (5) ;
pour les ouvrages exceptionnels, (1), (3), (4) et (5).

Il faudrait des circonstances exceptionnelles et anormales pour que l'on dût recourir aux règles (2) et (6), énoncées pour ordre dans le Règlement.

32. Ponts-Rails. Freinage des trains. — Dans certains règlements étrangers, et notamment le règlement suisse, il est prescrit de tenir compte du freinage des trains dans le calcul des ponts. Le Règlement français est muet à cet égard. Il a paru que l'effort longitudinal, dirigé suivant l'axe de la voie, qu'exerce sur le tablier le train freiné, ne peut dépasser 15 0/0 de la surcharge engagée sur le pont, et que dans ces conditions il n'est susceptible ni d'aggraver dans une mesure sensible la fatigue du métal en aucun élément de l'ossature, ni de compromettre l'équilibre statique de l'ouvrage.

Il est présumable que les rédacteurs du règlement suisse ont eu en vue les chemins de fer de montagne à forte pente, qui s'exploitent avec crémaillère ou traction funiculaire. Les trains y sont munis de freins particulièrement puissants, à mâchoires, à adhérence magnétique, etc. Il n'y avait pas lieu d'envisager ce cas pour la France où d'une part les lignes de ce genre sont fort rares, et où d'autre part elles ne rentrent dans aucune des deux catégories visées par les chapitres I et II du Règlement, dont les dispositions, en ce qui touche notamment la composition des trains d'épreuve et les vitesses de marche prévues, sont inapplicables au matériel roulant en usage sur les lignes en question. Ce sont là à vrai dire des voies de tramways, qui sont régies par la circulaire ministérielle établie spécialement pour elles.

Au surplus, si par suite de circonstances exceptionnelles, qui, à notre connaissance ne se sont jamais présentées en France, le freinage des trains, sur un chemin de fer d'intérêt général ou d'intérêt local, paraissait pouvoir exercer une influence appréciable sur la stabilité d'un pont, il appartiendrait aux Ingénieurs, en vertu de l'article 4 du Règlement, de le reconnaître et d'en tenir compte dans leurs propositions.

33. Ponts-Routes. — Dans les calculs de résistance relatifs aux ponts-routes, il n'y a pas lieu de faire intervenir le facteur vitesse. On a bien vu des voitures de course parcourir 120 kilomètres à l'heure sur des voies gardées. Mais il est douteux qu'un camion automobile lourdement chargé puisse dépasser la vitesse de 30 kilomètres. Encore se garderait-il de s'engager à cette allure sur un pont, avec la perspective de croiser en chemin un véhicule de même catégorie. Or comme les chaussées des ponts-routes sont toujours à double voie, la surcharge d'épreuve réglementaire comporte deux essieux côte à côte pesant chacun 12 t. 6. On a donc de la marge pour faire circuler un véhicule très lourd, à condition de lui laisser le champ libre, ou de ne le faire croiser que par des voitures légères.

Par contre, les ponts-routes sont soumis à des impulsions dynamiques dues aux cahots des véhicules, mais les effets n'en sont sensibles que pour les ouvrages dont on a réduit à l'extrême la charge permanente, et dont les flèches statiques sont considérables.

On a aussi constaté de légères vibrations sous la marche cadencée des hommes ou des animaux : elles n'ont jamais eu de conséquences fâcheuses que pour certains ponts suspendus construits à une époque où on ne savait pas corriger leur flexibilité par des dispositifs de rigidité convenables. Ils étaient sujets à des oscillations, et non à des vibrations élastiques, dont la période était très longue. Instinctivement les piétons réglaient leur pas sur cette période, d'où résultait une aggravation progressive des déplacements, et par suite de la fatigue des câbles.

Ajoutons encore que ces ponts suspendus, pourvus d'un mince platelage en bois, comportaient une très faible charge permanente, et n'étaient calculés que pour une surcharge morte de 200 kilogs par mètre carré.

Enfin, ceux qui ont éprouvé des accidents en service avaient été en général médiocrement construits, et déplorablement entretenus. On ne se préoccupait guère alors des effets du vent, qui ont, il y a un demi-siècle, causé quelques catastrophes.

On n'a rien à craindre à ce point de vue pour les ponts-routes en fonte ou en acier laminé. D'ailleurs le Règlement a relevé à 360 kilogs par mètre carré de tablier le poids de la surcharge morte, ce qui ne peut s'entendre que d'une foule serrée à bloc et incapable de se mouvoir.

La seule éventualité à redouter paraît être le passage sur le pont de chargements beaucoup plus lourds que ceux en vue desquels il a été calculé. Le Règlement a prévu le cas et édicté des mesures prohibitives, comme pour les ponts-rails.

Quant à ceux-ci, on peut être assuré que la défense sera respectée. A coup sûr une Compagnie ne se risquerait pas à mettre clandestinement en service une locomotive dépassant le poids autorisé : cela se saurait. Mais rien n'empêche un particulier d'enfreindre la règle pour un pont-route : non seulement il ne se trouvera personne pour l'arrêter, mais nul ne s'en apercevra. Autrefois on pouvait encore juger du poids d'un chargement par le nombre de chevaux de trait. Mais, avec la traction mécanique, on ne devinera pas, sans l'aide d'une bascule, ce que peut peser un camion qui passe, chargé de pierres de taille ou de barres de fer. En somme, de pareils abus se produisent tous les jours, et ne sont réprimés après coup qu'autant qu'ils dégénèrent en habitude : il arrive qu'un tiers les signale, ou qu'ils se dénoncent eux-mêmes par les avaries causées à la chaussée.

D'ailleurs, le risque n'existe que pour les petits ponts, de 10 mètres d'ouverture, ou de 20 mètres au plus. Les poids lourds ne circulent pas en file serrée, et doivent s'espacer pour éviter des abordages désastreux. Ils veillent à ne pas se croiser sur les ponts où la chaussée est rétrécie. Pendant les épreuves même des ponts de quelqu'importance, les Ingénieurs n'arrivent presque jamais à réaliser les surcharges d'épreuve qui ont servi de bases à leurs calculs. On peut être sûr que jamais une travée de plus de 20 mètres ne sera, après sa mise en service, soumise à une fatigue approchant de celle qui lui a été imposée lors de sa réception.

C'est en se basant sur ces considérations qu'ont été établies les règles de sécurité. En principe, la charge permanente croît avec l'ouverture, mais non pas avec la même régularité que dans les ponts-rails. Ainsi qu'on l'a signalé, la charge inerte joue ici un rôle important, et même prépondérant. Pour les petits ponts, on n'hésite pas à recourir à une chaussée épaisse portant sur des voûtes en briques très lourdes. Dans les grands ouvrages, on s'efforce au contraire d'alléger le plus possible ces accessoires, au fur et à mesure que le poids de l'ossature augmente, tandis que la surcharge virtuelle roulante va elle-même en décroissant. On pousse même parfois trop loin le souci de l'économie, en construisant des ponts ultra légers, dont les éléments grêles sont exactement ajustés sur les efforts calculés. C'est pourquoi le règlement a cherché à handicaper ces ouvrages étriqués (1), en

(1) Supposons qu'il existe dans un département deux ponts-routes de même portée, pour l'un desquels, très léger, le rapport $\frac{c}{d}$, relatif aux poutres principales, serait égal à l'unité, alors que pour l'autre, très lourd, ce rapport s'élèverait à 3.

Aux termes du présent Règlement, le maximum autorisé du travail élastique total $c + d$ est de 10 k. 62 pour le premier, et de 12 k. 14 pour le second.

Si l'on s'en rapportait au précédent Règlement français du 29 août 1891, qui ne fait aucune distinction entre les ouvrages légers et les ouvrages lourds, pour ce qui est de la limite de sécurité à fixer suivant la portée, les conditions de stabilité du premier pont seraient jugées beaucoup plus satisfaisantes que celles de l'autre.

Or un industriel du pays a demandé au Préfet l'autorisation de faire passer sur ces deux ouvrages, par application de l'article 39, des chargements supérieurs de 60 0/0 à ceux définis dans l'article 33 du Règlement (*Convoi-type*). En substituant au travail d calculé pour la surcharge normale des ponts-routes, le travail $d' = 1{,}60\ d$ relatif à la surcharge majorée, on réalisera, dans les poutres du pont léger, une fatigue totale $c + d'$ égale à 13 k. 81, qui dépasse de 3 k. 76 le maximum autorisé par

majorant la surcharge d'après une formule analogue à celle édictée pour les ponts-rails en vue de compenser l'effet de la vitesse :

$$(1) \qquad 0,6\,c + d = 8,50.$$

On a ajouté pour ordre la limite maximum :

$$(2) \qquad c + d \leqslant 12,50.$$

Le coefficient de majoration a ainsi pour expression :

$$1 + \alpha = 1,47 - \frac{1}{8,50} \cdot \frac{c}{d}.$$

le Règlement lorsque $\frac{c}{d'}$ est égal à $\frac{1}{1,60}$ (10 k. 05). Dans lé pont lourd, la fatigue totale se trouvera portée à 13 k. 96, avec un dépassement de 1 k. 66 sur le maximum autorisé de 11 k. 50, pour $\frac{c}{d'} = \frac{3}{1,60}$.

L'Ingénieur en chef estime que, pour l'un et l'autre ouvrages mais principalement pour le premier, la marge de sécurité ne serait plus suffisante, et conclut que l'autorisation devra être refusée au pétitionnaire si l'on n'a au préalable pris des mesures en vue de ramener à un taux convenable la fatigue du métal dans les poutres principales.

Il est matériellement impossible d'alléger le premier pont, attendu que le poids du tablier et de ses accessoires y est déjà réduit au strict minimum. Pour donner satisfaction à l'industriel, il faudrait de toute nécessité procéder à un renforcement des poutres, en vue d'augmenter leur résistance d'environ 40 0/0. Une pareille opération n'est pas toujours praticable. Elle se heurte généralement à d'assez grosses difficultés, et ne peut être menée à bonne fin sans occasionner une gêne sérieuse à la circulation routière. Enfin elle coûte cher, pour un résultat qui, au point de vue technique, ne saurait être pleinement satisfaisant : une poutre retapée sur place est loin de valoir une poutre fabriquée d'un seul jet.

Dans le pont lourd, la charge permanente inerte est considérable. On pourra sans aucun doute la diminuer en modifiant la couverture du tablier, qui fournit la plus large part du poids total.

Il suffira de remplacer les voûtes en briques par un plateau en béton armé ou un platelage métallique, et de substituer au pavage en grès sur forme de sable une chaussée en bois ou en carreaux d'asphalte.

Admettons que l'on ait ainsi réduit de 30 0/0 le travail c dû au poids

Ce coefficient, égal à 1,47 quand $\frac{c}{d}$ est nul, décroît très lentement tant que la charge permanente ne dépasse pas la surcharge d'épreuve, auquel cas on a affaire soit à une pièce de pont, soit à une poutre principale de quelques mètres, soit à un ouvrage un peu plus grand mais extrêmement léger.

Dans un pont de portée moyenne, établi sans un souci excessif de l'économie, la charge permanente n'est pas éloignée du double de la surcharge ; le coefficient s'abaisse alors à 1,25.

Pour que la limite extrême du travail, 12 k. 50, fixée par la seconde formule, fût atteinte, il faudrait que la surcharge permanente fût quadruple de la surcharge. Son poids par mètre carré dépasserait donc 4×560 ou 2.240 kilogs, chiffre invraisemblable, même pour une portée exceptionnelle.

propre du pont. La fatigue totale, sous la charge permanente diminuée, $c' = 0,70\ c$, et sous la surcharge augmentée, $d' = 1,60\ d$, passera de 13 k. 96 à

$$13,96 \times \frac{3,70}{4,60}, \quad \text{ou} \quad 11 \text{ k. } 23.$$

Or, pour $\frac{c'}{d'} = \frac{2,10}{1,60}$, le maximum autorisé par le Règlement est de 11 kilos.

Vu le faible écart entre ces deux chiffres, l'autorisation pourra être accordée au pétitionnaire, à la charge duquel on mettra au besoin la dépense de réfection du tablier, qui ne saurait être bien forte, du moment qu'il ne sera pas touché à l'ossature métallique. Les travaux seront exécutés sans gêne sérieuse pour la circulation publique, sans dommage pour le pont, et d'une manière générale sans inconvénient aucun.

On voit donc qu'à certains égards les ponts-routes lourds sont préférables aux ponts légers, toutes choses égales d'ailleurs en ce qui touche leur conception et leur exécution. Ils coûtent plus cher, mais le supplément de dépense, n'a pas été un sacrifice inutile. Il a pour contrepartie une réserve d'avenir, permettant à une époque quelconque d'améliorer les conditions de stabilité, soit en vue d'une augmentation du poids de la surcharge roulante, soit tout simplement pour soulager des poutres vieillies *dont les assemblages seraient fatigués par un service prolongé*, ou dont certains éléments se trouveraient affaiblis par la rouille.

En ce qui touche le vent, l'on n'envisage pas son action combinée avec celle de la surcharge, à l'encontre de ce qui se pratique pour les ponts-rails. Il nous semble inutile de justifier cette convention universellement admise par les Constructeurs, et sanctionnée par tous les règlements, en France et à l'étranger. Il y a là chose jugée.

On n'a donc à considérer que la pression de 250 kilogs, et uniquement pour le calcul des barres de contreventement. La règle de sécurité à appliquer est la suivante :

$$(3) \qquad 0{,}6\, c + w = 9.$$

La limite extrême du travail, fixée par la condition complémentaire

$$(4) \qquad c + w \leqslant 13 \text{ k.},$$

n'est énoncée que pour ordre. Nous ne croyons pas que l'on ait jamais occasion de l'appliquer aux ponts-routes.

En ce qui touche la justification de ces dernières règles de sécurité, nous n'avons rien à ajouter aux explications déjà fournies pour les ponts-rails.

34. Efforts secondaires anormaux. Pièces comprimées. — En vertu des dispositions contenues dans les articles 8 et 9, il y a lieu de majorer les efforts principaux pour les éléments où l'on apprécierait que la fatigue secondaire dépasse les conditions normales, ainsi que pour les pièces comprimées.

Le libellé du premier paragraphe de l'article 11 tendrait à faire croire qu'il doit être procédé à cette majoration avant d'appliquer les règles de sécurité édictées dans ledit article pour les ponts-rails, et dans l'article 35 pour les ponts-routes.

Il nous paraît préférable d'adopter la marche inverse,

d'ailleurs suggérée dans l'article 8 et dans son commentaire. On commencera par appliquer les formules de l'article 11, ou de l'article 35, à tous les éléments du pont, sans distinction. On en déduira la section minimum à attribuer à chacun d'eux, d'après l'effort principal calculé et le travail élastique maximum autorisé.

On déterminera ensuite le coefficient de majoration à admettre pour chaque pièce tombant sous le coup de l'article 8 ou de l'article 9, et l'on augmentera en conséquence l'aire de sa section.

Cette manière de procéder est justifiée par le fait que, dans la plupart des cas, l'on ne pourra fixer le taux de la majoration sans avoir au préalable arrêté approximativement le profil transversal à attribuer à la pièce, en se basant sur les indications fournies par les règles de sécurité.

35. Renversement des efforts. — Le précédent règlement français prévoyait le cas d'une pièce alternativement soumise à un effort de traction et à un effort de compression, suivant les circonstances de température, de surcharge et de vent. Il n'en est plus question dans le nouveau, dont les dispositions ne visent que les éléments toujours soumis au même genre de travail.

Cette abstention se justifie comme il suit.

Dans toutes les poutres à treillis, l'effort tranchant est sujet à changer de signe dans une région centrale plus ou moins étendue. Mais si la triangulation comporte des contre-barres, ce qui est le cas le plus fréquent (panneaux en croix de Saint-André), les méthodes de calcul en usage admettent que l'effort supporté par un élément peut s'annuler, mais non pas changer de signe.

Le cas ne se présenterait donc que pour les triangulations composées exclusivement de barres inclinées, en deux séries qui s'entrecroisent : il arrive alors que, dans la région centrale de la travée, l'effort supporté par une barre varie entre deux limites de signes opposés. Mais pour qu'il fût indiqué de tenir compte de cette circonstance en adoptant une limite de sécurité correspondant à un coefficient de majoration dynamique plus élevé, il faudrait que les deux efforts contraires se succédassent sinon de façon instantanée, tout au moins dans un temps très court. Or le cas ne se présente jamais, même dans les plus petits ponts à poutres triangulées, dont la portée ne descend guère au-dessous de 20 mètres. On sait en effet que pour passer de l'effort tranchant positif à l'effort tranchant négatif, il faut retourner le train bout pour bout, en plaçant le premier essieu au droit de la section considérée. En conséquence, les deux efforts opposés se manifestant à des époques différentes, l'une au passage d'un convoi montant, l'autre à celui d'un convoi descendant, leur alternance ne sera d'aucun effet au point de vue des mouvements vibratoires, car la majoration dynamique dépend exclusivement de la variation de l'effort pendant la traversée du pont par un train rapide : or, en ce cas, il n'y a pas changement de signe immédiat.

Nous invoquerons encore une autre raison, d'ordre purement technique, qui, abstraction faite de l'argument ci-dessus, rendrait en tout état de cause inutile la règle en question.

Les efforts supportés par les barres de la région centrale, sujettes au renversement, sont d'habitude assez faibles pour qu'on ne puisse arrêter leurs dimensions transversales sur la base du travail à 8 kilogs. Il faudrait faire emploi de profilés légers dont on ne se sert pas dans la construction, et les pièces, trop grêles, seraient insuffisamment rigides. En attribuant aux éléments une section raisonnable, on est conduit à ne les faire travailler qu'à 4 kilogs ou 6 kilogs au plus. C'est là une nécessité pratique, qu'un constructeur expérimenté ne cherchera pas à éluder.

Un autre exemple du renversement des efforts est fourni par la poutre continue à travées solidaires. Les portions de membrures avoisinant chacun des deux foyers d'une travée sont alternativement comprimées et tendues. Mais les remarques formulées sur les barres de treillis s'appliquent encore au cas présent.

Les deux moments fléchissants de signes opposés ne se succèdent jamais dans un temps très court, parce qu'ils correspondent à des surcharges complémentaires, obtenues en retournant les trains bout pour but; il faut de plus attribuer à ces trains des longueurs différentes, de façon à couvrir d'abord une travée seulement, puis deux travées adjacentes.

D'autre part la section *courante*, que les règles techniques conduisent à attribuer à chaque membrure (section que l'on renforce suivant les besoins par des tôles supplémentaires au fur et à mesure que le moment fléchissant augmente), est toujours telle que la fatigue du métal, au voisinage de chaque foyer, tombe nécessairement au-dessous de 8 kilogs.

Tels sont les motifs qui ont fait exclure du Règlement une règle injustifiée en principe et en fait inutile. Il y a, à ce point de vue, accord complet entre la théorie et la pratique.

Considérons cependant le cas hypothétique d'une construction d'un type nouveau, où, par suite de circonstances spéciales qu'il n'est pas facile d'imaginer, le travail calculé pour une barre changerait de signe dans un temps très court. Supposons en outre que les deux efforts contraires soient assez grands pour que la réduction du travail au-dessous du taux réglementaire ne soit pas imposée par une nécessité technique, comme dans les deux cas signalés plus haut.

Rien n'empêchera l'Ingénieur d'user de la faculté qui lui est expressément réservée par l'article 11 du Règlement, pour se tenir au-dessous des limites de sécurité qualifiées par cet article de maxima à ne pas dépasser. S'il éprouve quelque incertitude sur le parti à prendre, il lui sera loisible de prendre pour guide la formule même du Règlement, en procédant comme il suit.

Supposons que le travail calculé pour une pièce passe brusquement de la valeur $-c$ à la valeur $d-c$ de signe contraire. Ce changement serait dû à l'action rapide d'une force extérieure, mesurée par le travail élastique d.

Appliquons la règle des ponts-rails, en mettant en évidence les signes respectifs du travail élastique initial c, et de son écart d avec le travail final.

$$-0{,}4\,c + d = 8.$$

Le coefficient de majoration dynamique correspondant à la limite de sécurité ainsi déterminée se déduira de la condition générale :

$$-c + (1+\alpha)\,d = 12.$$

D'où :

$$1+\alpha = 1{,}5 + \frac{0{,}4c}{d}.$$

Le coefficient de majoration est donc supérieur à 1,5.

A titre d'exemple, supposons que l'on ait : $c = d - c$. Les deux valeurs du travail calculé sont égales au signe près.

On en déduit : $c = d - c = 5$,

et : $$1 + \alpha = 1,7.$$

Si l'on voulait opérer de même avec la formule des ponts-routes, on obtiendrait les résultats suivants :

$$-0,6c + d = 8,50.$$

D'ou : $$1 + \alpha = \frac{12,50}{8,50} + \frac{8,50d}{c}.$$

Posons : $$c = d - c = 6 \text{ k. } 07.$$

On trouve : $$1 + \alpha = 1,53.$$

Mais il doit être bien entendu que cet abaissement de la limite de sécurité ne serait justifié que si le passage de la fatigue $-c$ à la fatigue $d - c$ devait survenir dans un délai assez court pour faire vibrer la pièce, ce qui pour un pont-route tout au moins est une hypothèse irréalisable.

36. Justification de la stabilité. — Il est dit dans le Règlement que les Ingénieurs pourront, avec juste raison, se tenir au-dessous des limites de sécurité réglementaires pour certaines pièces essentielles, ou dont le calcul manquerait de précision. Il leur sera au contraire loisible de les dépasser, s'ils apprécient qu'une atteinte ne sera de ce chef portée à la stabilité de l'ouvrage. On s'en est tenu à cette indication générale, sans chercher à préciser les cas où il conviendrait de s'en inspirer : une énumération, même faite à titre d'exemple, aurait pu être considérée soit comme impérative, soit comme limitative. Mieux valait s'abstenir, pour rester dans l'esprit du Règlement, qui est de ne pas entraver l'initiative des Ingénieurs.

Peut-être ne sera-t-il pas inutile, pour la clarté du

sujet, que nous indiquions certains cas hypothétiques où cette initiative paraîtrait bien justifiée.

Supposons par exemple que l'on ait à calculer un pont-mobile n'ayant à supporter aucune surcharge pendant sa manœuvre.

On devra en principe appliquer la règle (2) du Règlement, en posant $d = 0$, ainsi que les règles (4) et (5) relatives au vent exerçant une pression de 250 kilogs sans surcharge.

Mais s'il s'agit d'arrêter la puissance à donner à un câble, conviendra-t-il d'appliquer la même limite de sécurité au câble de suspension d'un pont-levant, ou au câble de traction d'un pont-roulant?

La rupture du premier aurait des conséquences désastreuses, puisqu'elle entraînerait la chute et la ruine du tablier, lâché par ses câbles de soutien.

Pour le second au contraire, ce ne serait qu'un incident sans gravité. La manœuvre serait interrompue; mais à supposer que l'on ne fût pas en mesure de réparer le câble ou de le remplacer immédiatement, on en serait quitte pour terminer la manœuvre à bras d'hommes. Au pis aller, le tablier serait immobilisé jusqu'à la remise en état de l'appareil moteur.

On conçoit qu'en pareille circonstance un Ingénieur, s'étant rendu compte du degré de probabilité d'un accident possible, et en ayant pesé les conséquences éventuelles, proportionne la puissance du câble non pas tant à l'effort calculé qu'à la gravité des risques encourus.

Prenons encore l'exemple d'un pont-tournant pour locomotive, à installer au centre d'un dépôt. Il y aura lieu ici de prévoir que la manœuvre pourra s'exécuter avec surcharge, par exemple pour le retournement d'une machine : on devra donc en principe appliquer la règle (1). Mais comme la vitesse de pénétration sur le pont ne pourra être qu'insignifiante, la majoration dynamique sera quasi-nulle. Sans aller jusqu'à la limite extrême de 12 kilogs, un Ingénieur avisé pourra, sans témérité, élever le taux du travail calculé dans les longerons, les pièces de pont et les poutres principales, en vue de réduire le poids de l'ouvrage et de faciliter par là même sa manœuvre.

Ce n'est pas là l'expression de notre opinion personnelle, et nous nous garderons de donner aucun conseil sur le parti à prendre. Nous avons cherché à mettre en relief par un exemple l'esprit du Règlement. Peu nous importe qu'il soit bon ou mauvais, pourvu qu'il soit compris.

Il ne sera peut-être pas inutile de signaler que cette observation, formulée pour un cas particulier, est susceptible d'une interprétation plus générale. Le Règlement vise implicitement les ponts métalliques qui seront exécutés suivant les règles de l'art, en conformité des prescriptions contenues dans le cahier des charges général des travaux publics, ainsi que dans le devis particulier spécial à chaque ouvrage. Or des circonstances de force majeure peuvent obliger l'Ingénieur à se départir de certaines de ces exigences, relatives soit à la qualité des métaux, soit à la perfection de l'usinage, soit aux soins apportés dans la mise en œuvre. On doit parfois utiliser des pièces provenant de la démolition d'un vieil ouvrage. Le renforcement des ponts existants n'est pas toujours réalisable dans des conditions pleinement satisfaisantes au point de vue technique.

En pareille circonstance, il appartiendra à l'Ingénieur d'examiner s'il convient, pour se ménager une marge de sécurité suffisante, d'abaisser les valeurs du travail au-dessous des taux réglementaires. Il lui faudra prendre l'initiative des dérogations à apporter au Règlement, sauf à les justifier dans la mesure où ce lui sera possible. On ne saurait lui tracer une ligne de conduite, et on devra s'en remettre à son jugement pour faire le nécessaire, sans exagération ni insuffisance.

On pourrait demander la justification du coefficient numérique 0,4 qui multiplie le travail c dû à la charge permanente dans les règles de sécurité 1, 3 et 5 relatives aux ponts-rails. Il a paru que la formule en question s'accordait, dans la mesure où sa simplicité le lui permet, avec les errements sanctionnés par l'expérience. Elle ne modifiera pas sensiblement les habitudes prises, en ce qui touche les ouvrages que l'on s'accorde à considérer comme bien conçus et bien exécutés, avec un égal souci de la sécurité et de l'économie. Par contre, elle met en relief l'insuffisance des ponts trop légers, où la dépense a été abusivement réduite au détriment de la stabilité, et dénonce également l'exagération des ponts trop lourds, dont le coût élevé ne paraît pas justifié.

Nous remarquerons que, dans la formule générale $Kc + d = 8$, on aurait pu poser $K = 0$. Mais alors la limite extrême de 12 kilogs, pour la fatigue totale de l'acier, aurait été atteinte pour $\frac{c}{d} = \frac{1}{2}$, ce qui vraisemblablement correspond, pour les fermes maîtresses d'une travée indépendante, à l'ouverture de 80 mètres. Cette solution apparaîtrait comme trop hardie, et même peu prudente, dans les conditions actuelles de l'industrie.

Si l'on prenait $K = \frac{2}{3}$, la limite de 12 kilogs ne serait jamais atteinte. Dans les fermes maîtresse d'une travée indépendante de 150 mètres d'ouverture, la fatigue maximum permise resterait inférieure à 10 kilogs. Le surcroît de stabilité obtenu ne justifierait pas une augmentation très considérable dans la dépense de construction.

Dans la formule des ponts-routes, on a attribué au coefficient K la valeur numérique 0,6. Si l'on avait posé K = 0, la limite extrême de 12 k. 50, pour la fatigue totale $c + d$, aurait été atteinte dans tous les ponts, à l'exception peut-être de certains ouvrages légers, à platelage en bois, d'ouverture tout au plus égale à 20 mètres, pour lesquels le rapport $\frac{c}{d}$ aurait pu être abaissé à 0,48. Par contre, en posant K = 0.68, on aurait rendu cette limite inaccessible, même pour les ponts très lourds de portée exceptionnelle.

Il doit être bien entendu toutefois que ces nombres 0,4 et 0,6 n'ont rien de sacramentel. On sera peut-être conduit à les modifier dans l'avenir, à la suite d'une discussion plus approfondie des enseignements fournis par l'expérience, ou en raison des progrès réalisés par l'industrie. Mais il est peu probable que l'on soit jamais conduit à s'en écarter beaucoup, tant que l'on maintiendra la forme linéaire simple attribuée à la règle de sécurité. A cet égard, il n'y a pas à préjuger de l'avenir, aussi bien que pour les seconds membres R et S des formules de sécurité, jugées valables pour le temps présent comme conclusion d'une expérience non encore séculaire.

37. Pièces spéciales. — L'article 17 du Règlement recommande de tenir compte, pour la fixation de la limite de sécurité dans une pièce exposée à l'usure par frottement, de la dureté épidermique et du dressage plus ou moins parfait des surfaces frottantes. C'est que la pression maximum admissible entre un axe de rotation et son coussinet, ou bien entre un pivot sphérique et sa crapaudine, dépend non-seulement de la résistance du métal mais encore du soin apporté dans l'usinage. Suivant que les surfaces de contact seront plus ou moins bien calibrées, ajustées et polies, la limite de sécurité pourra être relevée ou devra être réduite.

Il est fait mention dans le même article des galets et des billes de roulement.

Dans les éléments de la charpente métallique, le maximum S de la fatigue autorisée est proportionnel à la limite d'élasticité N, dont il représente à peu près la moitié. Mais, pour un galet cylindrique intercalé entre deux surfaces planes de roulement, la limite de sécurité, rapportée à l'aire de la section axiale rectangulaire de la pièce, augmente plus rapidement que N. On peut, par exemple, se servir pour son calcul de la formule empirique :

$$S' = N\sqrt{\frac{N}{E}}.$$

Il y a donc intérêt à faire emploi d'un acier très dur, sauf à se montrer peu exigeant en ce qui touche la ductilité : les galets de roulement, tout au moins dans les chariots de dilatation des ponts, ne sont jamais soumis qu'à des actions dynamiques de faible importance.

Si l'on substitue au galet une bille sphérique, on pourra calculer la limite de sécurité, rapportée à l'aire d'un grand cercle de la sphère, par la formule empirique :

$$S'' = \frac{N^2}{E}.$$

Mais le maximum de fatigue ainsi déterminé serait toujours très faible : même avec un métal extra-dur, on n'arriverait pas à faire porter par cette pièce une charge raisonnable. On est ainsi conduit à creuser dans chaque surface de roulement une ornière ou gorge à profil circulaire, dans laquelle la bille vient s'emboîter. Si le profil creux est exactement ajusté sur la sphère, on pourra assimiler la bille à un galet cylindrique de même rayon, dont la longueur axiale serait égale à la corde du profil de la gorge. Il semble que pratiquement cette corde ne s'écarte guère du côté $r\sqrt{2}$ du carré inscrit dans le grand cercle de la bille : la limite de sécurité S' serait en ce cas applicable à la surface $2\sqrt{2}\,r^2$. On remarquera que, dans ces conditions, il n'y a pas roulement simple de la bille dans la gorge : il se produit un petit glissement, parce que les différents points de la ligne de contact circulaire sont à des distances inégales de l'axe de rotation. Par exemple, dans le cas envisagé ci-dessus, cette distance varie de r à $\frac{r}{\sqrt{2}}$ ou $0{,}707r$. Pour éviter l'usure par friction, il ne suffit pas de polir la bille, il faut lubréfier les surfaces en contact, ce qui en même temps les protège contre la rouille.

Les billes sont fabriquées par des spécialistes, dont l'alésage très précis ne comporte qu'une tolérance de $\frac{5}{1.000}$ de millimètre. Ils emploient pour les billes et les surfaces de roulement des métaux extra-durs, aciers au nickel et au chrôme, et font subir une trempe aux pièces finies. Dans ces conditions, la limite d'élasticité est très élevée : nous ne possédons pas de renseignement exact sur sa valeur. La résistance aux efforts statiques est donc considérable, mais les billes sont fragiles, et sujettes à se rompre par l'effet des actions dynamiques, chocs, secousses, vibrations élastiques. Il serait illusoire de chercher à déterminer les limites de sécurité par la théorie. Il faut s'en remettre à l'expérience directe.

Nous extrayons de l'album d'une fabrique les indications suivantes, relatives à deux boîtes de roulement, l'une à galets cylindriques, et l'autre à billes sphériques, de dimensions analogues et de résistances équivalentes, à adapter sur des essieux tournants.

Boîte à galets. — Bagues de roulement : épaisseur 3 millimètres; largeur 30 millimètres

Diamètre intérieur de la boite (essieu) : 90 millimètres. Diamètre extérieur : 160 millimètres.

Galets (sur une seule couronne). Nombre : 17. Diamètre : 17 mm. 46. Longueur axiale : 12 millimètres.

Charges admissibles, en kilogrammes :

Pour une vitesse de rotation de 3.000 tours par minute : 860 kilogs.

Pour une vitesse de rotation de 10 tours par minute : 4.800 kilogs.

Poids de la boite : 1 k. 550.

Boîte à billes. — Bagues de roulement : épaisseur 3 millimètres; largeur 50 millimètres.

Diamètre intérieur : 45 millimètres. Diamètre extérieur : 120 millimètres.

Billes (en deux couronnes parallèles). Nombre : 22. Diamètre 22 mm. 22.

Charges admissibles, en kilogrammes :

Pour 3.000 tours par minute : 550 kilogs.

Pour 10 tours par minute : 4.800 kilogs.

Poids de la boite : 3 k. 900.

Dans chaque appareil, l'écartement des galets ou des billes est réglé par une cage en tôle qui tourne avec la couronne.

D'après ces indications, il semblerait que la boite à galets, moins lourde et résistant à des charges plus élevées pour les grandes vitesses, serait préférable à l'autre. Cependant les billes sont d'un emploi beaucoup plus général : la raison en est peut-être que les couronnes de galets se dérèglent plus facilement, à la suite d'une usure inégale, et présentent à cet égard moins de garanties de bon fonctionnement. Ce n'est qu'au cas où l'on jugerait impossible de lubréfier les surfaces de roulement que le galet présenterait peut-être une certaine supériorité sur la bille.

Si nous nous sommes étendu aussi longuement sur une question qui peut paraître étrangère à notre sujet, c'était pour bien mettre en relief les raisons qui justifient le texte de l'article 17 du Règlement.

Pour les pièces spéciales, les limites de sécurité ne peuvent être arrêtées, dans un cas déterminé, qu'en se basant sur les indications des fournisseurs ou fabricants, et en exigeant leur garantie pour les conditions de résistance et de durée auxquelles leur expérience les a conduits à souscrire sous leur entière responsabilité.

§ 2. — Renseignements généraux sur le calcul des ponts

38. **Ponts-rails à voie normale.** — Nous nous sommes proposé de faciliter aux Ingénieurs le tracé des courbes enveloppes, pour les efforts tranchants et les moments fléchissants qui se rapportent, *dans une travée indépendante,* au train d'épreuve réglementaire. On sait d'ailleurs que ces épures sont également utilisées pour le calcul des autres types de ponts, à travées solidaires, en arcs, etc. Les renseignements que nous allons donner ont donc une portée générale.

Efforts tranchants. — Le tableau numérique I, inséré à la suite du texte du Règlement français sur le calcul et les épreuves des ponts métalliques, fournit les valeurs des réactions maxima d'appuis, *évaluées en tonnes*, pour les ouvertures comprises entre 1 mètre et 201 mètres. Le relèvement à 20 tonnes du poids porté par l'essieu 3, essieu central de la machine de tête du train, n'a d'influence que jusqu'à la portée de 7 mètres.

Quand l'ouverture dépasse 36 mètres, la réaction maximum d'appui est calculable par la formule générale suivante, qui est *rigoureusement exacte* :

Soit :

$$36 + 4n \leqslant l < 36 + 4(n + 1).$$

On a :

$$S = 320 + 20n - \frac{5.360 + 760n + 40n^2}{l}.$$

On peut aussi faire usage d'une formule *approximative*, qui s'écarte très peu de la précédente quand l'ouverture est grande :

$$S = 2{,}5l + 130 - \frac{1.750}{l}.$$

Pour tracer les deux courbes enveloppes des efforts tranchants maxima d'une travée indépendante, positifs V′ et négatifs V″, on calculera leurs ordonnées par les formules :

$$V' = \frac{l - x}{l} S_{(l-x)};$$

$$V'' = -\frac{x}{l} S_x.$$

Les lettres $S_{(l-x)}$ et S_x désignent les réactions maxima S correspondant respectivement sur le tableau I aux ouvertures réduites $l - x$ et x. Toutefois la seconde formule n'est valable que pour $x > 7$ mètres, parce que, jusqu'à cette distance, l'essieu surchargé à 26 tonnes influe sur la réaction d'appui, mais non pas sur l'effort V″.

On peut substituer au calcul numérique une construction graphique simple qui permet de tracer, au-dessous de la ligne représentative des réactions maxima d'appui S, construite jusqu'à l'ouverture *l*, les enveloppes des efforts tranchants (fig. 20). Le point M' correspond sur la

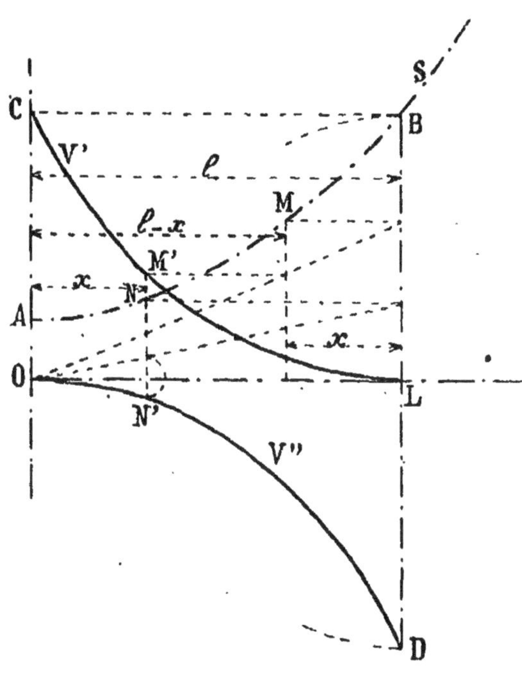

Fig. 20.

courbe V' au point M de la courbe S. De même le point N' de la courbe V'' correspond au point N de la courbe S.

Moments fléchissants. — On a inscrit dans le tableau numérique I les valeurs du moment fléchissant maximum M, *évaluées en tonnes-mètres*, pour les ouvertures comprises entre 1 et 201 mètres, ainsi que les numéros d'ordre des essieux extrêmes portés à ce moment par la travée, qui encadrent le numéro N souligné de l'essieu intermédiaire au droit duquel le moment atteint cette valeur maximum, et la distance δ de cet essieu N au milieu de l'ouverture, précédée du signe — si le milieu de la travée se trouve entre l et N, et du signe + dans le cas contraire, c'est-à-dire si l'essieu a dépassé le milieu.

La formule rigoureuse fournissant le moment maximum pour la portée l n'est pas susceptible d'une expression générale.

Le calcul, effectué par la méthode classique de la Résistance des Matériaux, est toujours assez compliqué (1).

Mais nous signalerons que pour toute ouverture supérieure à 200 mètres, on ne commettra pas d'erreur appréciable, en se servant des formules approximatives suivantes :

(1) Proposons-nous de calculer le plus grand moment de flexion qui puisse se produire dans une travée indépendante OL au droit de l'essieu numéroté N. Soient A et B les numéros d'ordre des essieux extrêmes dans la *rame du train engagée sur le pont* : A est toujours égal à 1 pour les ouvertures supérieures à 38 mètres.

On calculera : le poids total P de cette rame, qui dans le cas particulier du train d'épreuve réglementaire est $20(B - A + 1)$, puisque tous les essieux sont chargés à 20 tonnes; les moments μ et μ' par rapport à l'essieu N des deux fractions de la rame situées en avant et en arrière de cet essieu. La valeur, avec son signe, de la distance δ sera $\frac{\mu - \mu'}{l}$.

On pourra, à l'aide de ce premier renseignement, vérifier que l'on n'a pas commis d'erreur sur les numéros d'ordre A et B des essieux extrêmes : sinon, il faudra recommencer les opérations sur de nouvelles données.

Le moment maximum, au droit de l'essieu N, se calculera par la formule :

$$M = \frac{Pl}{4} - \frac{\mu + \mu'}{2} + \frac{(\mu - \mu')^2}{4Pl}.$$

La détermination du numéro N de l'essieu le plus défavorable peut exiger quelques tâtonnements : mais il ne saurait y avoir d'hésitation qu'entre deux essieux ou trois au plus, parce que l'écart entre N et la moyenne $\frac{A + B}{2}$ des numéros des essieux extrêmes ne dépasse jamais l'unité, en plus ou en moins.

$$M = \frac{5}{8}\left(l + \frac{1.376}{l}\right)^2;$$

$$\frac{l}{8} - 1 \leqslant N \leqslant \frac{l}{8};$$

$$\delta = \frac{688}{l}.$$

La distance du premier essieu 1 du train à l'appui le plus voisin tend vers la limite 26 mètres, pour une ouverture infinie.

L'essieu 3 surchargé à 26 tonnes n'influe sur le moment fléchissant maximum que jusqu'à la portée de 16 mètres. Sur le tableau I, un double trait sépare, dans la colonne

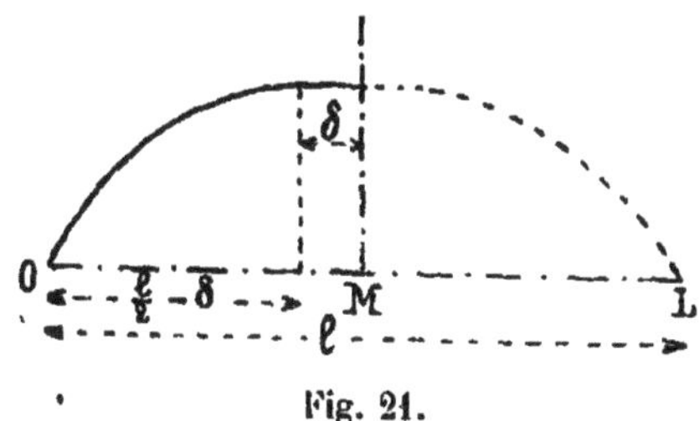

Fig. 21.

des S et dans la colonne des M, les chiffres qui se rapportent au cas de l'essieu surchargé, de ceux obtenus avec le poids uniforme de 20 tonnes pour les cinq essieux de la première machine.

L'enveloppe des moments fléchissants, pour la travée indépendante, se compose d'une courbe entre les abscisses $x = 0$ et $x = \frac{l}{2} - \delta$, que prolonge une droite horizontale depuis $x = \frac{l}{2} - \delta$ jusqu'au milieu de la travée : l'épure se reproduit symétriquement pour l'autre moitié de la poutre, de $x = \frac{l}{2}$ à $x = l$.

On peut faire usage, pour le tracé de cette enveloppe, des surcharges virtuelles a et b, qui se déduisent comme il suit de la réaction maximum d'appui S, et du moment fléchissant maximum M :

$$a = \frac{8M}{(l - 2\delta)^2}; \qquad b = \frac{2S}{l - 2\delta} - a.$$

Les valeurs numériques des surcharges virtuelles ont été portées, en kilogrammes par mètre courant, dans les deux dernières colonnes du tableau I.

La courbe, dont l'équation est

$$X = \frac{x(l - 2\delta - x)}{2}\left[a + b\frac{(l - 2\delta - 2x)^2}{(l - 2\delta)^2}\right],$$

n'est pas rigoureusement l'enveloppe des moments ; mais elle se raccorde tangentiellement avec elle à ses deux extrémités, pour $x = 0$ et $x = \frac{l}{2} - \delta$, et s'en écarte extrêmement peu dans l'intervalle. Ses indications sont pratiquement exactes.

Lorsqu'on aura à calculer une travée dont l'ouverture ne comporterait pas un nombre entier de mètres, on procédera par interpolation entre les chiffres du tableau. Mais si cette travée est intercalée entre deux groupes pour lesquels la distance δ ne soit pas la même, il faudra interpoler soit avec l'un soit avec l'autre, le choix étant d'ailleurs indifférent. Que l'on rattache la travée au groupe précédent ou au groupe suivant, en adoptant pour δ la valeur correspondante, on arrivera toujours aux mêmes résultats, à un écart infime près.

39. Ponts-rails à voie étroite de 1 mètre. — Le tableau numérique II fournit pour ces ponts les mêmes renseignements que le tableau I pour la voie normale. Nous n'avons rien à ajouter à ce qui a été dit sur l'usage à faire de ces renseignements.

Pour les ouvertures supérieures à 16 mètres, la réaction maximum d'appui S est calculable par la formule rigoureuse suivante :

Soit : $$16 + 4n \leqslant l < 16 + 4(n + 1).$$

On a : $$S = 100 + 10n - \frac{800 + 180n + 20n^2}{l}.$$

On peut aussi, pour les grandes ouvertures, faire usage de la formule approximative :

$$S = 1{,}25l + 55 - \frac{395}{l}.$$

Quand l'ouverture dépasse 120 mètres, les relations approximatives suivantes fournissent pour le moment fléchissant des indications très suffisamment exactes :

$$M = \frac{2{,}5}{8}\left(l + \frac{800}{l}\right)^2;$$

$$\frac{l}{8} - 1 < N \leqslant \frac{l}{8};$$

$$\delta = +\frac{400}{l}.$$

La distance de l'essieu 1, premier essieu de la machine de tête, à l'appui le plus voisin tend vers la limite 22 mètres, quand l'ouverture l tend vers l'infini.

On a signalé précédemment que, la règle adoptée pour le calcul des ponts-rails à voie normale ne paraissant pas assurer une marge de sécurité suffisante pour les poutres de faible longueur, il y a été remédié par un décalage des poids de la machine de tête, dont l'essieu central, portant le numéro 3, a été alourdi à 26 tonnes, aux dépens des essieux 1 et 5.

Les mêmes motifs ont conduit à étendre cette disposition aux ponts-rails à voie étroite, mais en réduisant à 4 tonnes l'excédent de poids de l'essieu 3.

Etant donné que les vitesses de marche sont sur la voie étroite très inférieures à celles de la voie large, il convenait de diminuer l'ouverture au delà de laquelle une aggravation de la règle de sécurité ne paraîtrait plus justifiée. C'est donc avec raison que l'on a limité à 13 mètres l'ouverture des ponts pour lesquels l'alourdissement de l'essieu 3 devra être envisagé.

Or il se trouve que, dans la voie normale, l'ouverture de 16 mètres est précisément celle au delà de laquelle le relèvement à 26 tonnes n'exerce plus d'influence sur la valeur du moment fléchissant maximum. On aurait donc pu se dispenser de l'inscrire dans le règlement, puisqu'elle allait de soi; mais on a tenu à préciser le but cherché, qui était de renforcer les petites poutres, en frappant les efforts calculés pour la locomotive normale d'une majoration décroissante de 30 0/0 pour la portée de 3 mètres à zéro pour celle de 16 mètres.

Voulant appliquer à la voie étroite une disposition simple et analogue à celle édictée pour la voie large, on n'en a pas trouvé qui remplit la condition d'être de nul effet au delà de l'ouverture de 13 mètres. On ne voulait pas, d'ailleurs, modifier cette longueur limite, qui répondait bien au but que l'on avait en vue, et marquait nettement l'esprit du Règlement. Il en est résulté que l'essieu à 14 tonnes, dont il ne doit être fait état que jusqu'à 13 mètres, aggraverait en fait le moment fléchissant jusqu'à 19 mètres. Cela est évidemment fâcheux, en ce que l'on a interrompu par un ressaut la continuité de la ligne représentative des moments M en fonction de l'ouverture : pour $l = 13$ mètres, l'ordonnée tombe brusquement de 123 tm. 50 à 116 tm. 57, puis reprend sa marche ascensionnelle pour atteindre 131 tm. 46 à la portée de 14 mètres.

Nous avons tenu à signaler cette anomalie, qui ne résulte pas d'une erreur ou d'une inadvertance, mais bien de la décision prise de renoncer à satisfaire à une condition pratiquement inconciliable avec une autre jugée plus intéressante.

C'est afin d'éviter tout malentendu à cet égard que l'on a inscrit dans le tableau II deux valeurs pour le moment M relatif aux ouvertures comprises entre 13 et 19 mètres : la première se rapporte à la locomotive décalée, et l'autre à la locomotive normale. Les Ingénieurs, qui se sentiraient choqués de l'entorse infligée au principe de continuité, pourront ne pas user de la permission octroyée par le Règlement, et introduire dans leurs calculs de résistance la plus grande des deux valeurs de M. Le poids du pont n'en sera pas augmenté de façon sensible, puisque l'écart proportionnel des deux moments varie entre le maximum 6 0/0 pour $l = 13$ mètres, et zéro pour $l = 19$ mètres. Au point de vue pratique, la question est sans importance.

40. Ponts-routes. — Nous prendrons pour unité d'effort tranchant le poids d'un essieu courant, soit 7 tonnes, et pour unité de moment fléchissant 7 tonnes-mètres.

Si l'ouverture de la travée est inférieure à 5 mètres, le pont ne porte que l'essieu lourd de 12 t. 6 $= 7 \times 1{,}8$. Les équations des courbes enveloppes sont en ce cas :

Effort tranchant positif :

$$V' = 1{,}8 \frac{l - x}{l};$$

Effort tranchant négatif :

$$V'' = -1{,}8 \frac{x}{l};$$

Moment fléchissant :

$$X = 1{,}8\frac{x(l-x)}{l}.$$

Nous définirons l'ouverture d'une travée supérieure à 5 mètres par les inégalités : $5(n+1) \leqslant l < 5(n+2)$, où la lettre n désigne zéro ou un nombre entier.

Efforts tranchants. — La réaction maximum sur appui S a pour expression rigoureuse :

$$S = 2{,}4 + n - \frac{3 + 7{,}5n + 2{,}5n^2}{l}.$$

On peut aussi faire usage de la relation approximative :

$$S = \frac{l}{10} + 0{,}9 + \frac{2{,}625}{l}.$$

L'indication fournie par cette formule, exacte seulement pour $l = 5\left(n + \frac{1}{2}\right)$, n'est jamais entachée que d'une erreur très petite, qui atteint son maximum si l est un multiple de 5.

Pour tracer les courbes enveloppes de l'effort tranchant, on aura recours, comme pour les ponts-rails, aux équations :

$$V' = \frac{l-x}{l} S_{(l-x)};$$

$$V'' = -\frac{x}{l} S_x.$$

Ces formules impliquent la suppression du premier essieu à 4 t. 2 du véhicule de tête à six roues.

Si l'on ne voulait pas user de cette faculté, autorisée par le commentaire de l'article 33 du Règlement, il faudrait ajouter à l'expression de V' le terme complémentaire négatif $-0,6\frac{x-5}{l}$, et à l'expression de V'' le terme positif $+0,6\frac{l-x-5}{l}$.

Cela ne vaut pas la peine de compliquer le calcul.

Moments fléchissants. — Le moment fléchissant maximum M se produit toujours au droit de l'essieu lourd de 12 t. 6 ou $7 \times 1,8$, dont nous désignerons par δ la distance au milieu de la travée.

Pour $\quad 0 < l < 9,33$, on a : $M = 0,45l$, et $\delta = 0$;

Pour

$$9,33 < l < 10,59, \text{ on a :}$$

$$M = 0,6l - 1,5 + \frac{0,9375}{l}, \text{ et } \delta = 0,625.$$

Dans les travées d'ouverture supérieure à 10 mètres, on a deux expressions différentes de M, suivant que le nombre des essieux engagés sur la travée est pair ou impair.

Supposons-le d'abord impair :

$$M' = \left(0,75 + \frac{n-1}{2}\right)l - \left(3 + \frac{(n-1)(n+5)}{4}\right); \quad \delta = 0.$$

Supposons-le maintenant pair :

$$M'' = \frac{n+2}{l}\left(\frac{l}{2} - 1.25\right)^2 - (3 + 1.25(n-2)(n+4).$$

et $\qquad \delta = 1,25.$

Le second maximum n'est supérieur au premier que si l'ouverture l diffère peu d'un multiple de 10. L'écart est d'ailleurs toujours faible et négligeable. Pratiquement, on pourra toujours s'en tenir à la première formule, qui est plus commode à l'usage.

On pourra également se servir de la relation approximative suivante, dont l'exactitude est satisfaisante, pour une ouverture moyenne ou grande :

$$M = \frac{l^2}{40} + 2{,}625.$$

La courbe enveloppe des moments comprend un certain nombre d'arcs successifs dont les équations, faciles à établir, sont de la forme :

$$X = A\frac{x(l-x)}{l} - \frac{Bx}{l} - C.$$

On a inscrit dans le tableau suivant les abscisses limites de ces arcs, ainsi que les valeurs des coefficients numériques A, B et C, en fonction du nombre entier n, au moins égal à 1 :

$$5(n+1) \leqslant l < 5(n+2).$$

Abscisses limites de chaque arc		Coefficients numériques de l'expression de X		
de $x =$	à $x =$	A	B	C
0	$l-5(n+1)$	$2{,}4+n$	$3+2{,}5(n+3)n$	0
$l-5(n+1)$	5	$2{,}4+(n-1)$	$3+2{,}5(n+2)(n-1)$	0
5	$l-5n$	$3+(n-1)$	$2{,}5(n+2)(n-1)$	3
$l-5n$	10	$3+(n-2)$	$2{,}5(n+1)(n-2)$	3
10	$l-5(n-1)$	$3+(n-1)$	$2{,}5(n+2)(n-3)$	$3+10=13$
$l-5(n-1)$	15	$3+(n-2)$	$2{,}5(n+1)(n-4)$	13
15	$l-5(n-2)$	$3+(n-1)$	$2{,}5(n+2)(n-5)$	$13+15=28$
$l-5(n-2)$	20	$3+(n-2)$	$2{,}5(n+1)(n-6)$	28
20	$l-5(n-3)$	$3+(n-1)$	$2{,}5(n+2)(n-7)$	$28+20=48$
»	»	»	»	»

On pourrait poursuivre indéfiniment, en remarquant : 1° que le nombre A est alternativement égal à $3+(n-1)$ et à $3+(n-2)$; 2° que, dans le produit B, l'un des facteurs est alternativement égal à $(n+1)$ et à $(n+2)$, tandis que l'autre décroît d'une unité quand on passe d'un arc au suivant ; 3° que le nombre C s'accroît, de deux arcs en deux arcs, d'un terme de la progression arithmétique : 10, 15, 20, 25, etc.

Quand l est un multiple de 5, le nombre des arcs est réduit de moitié, par suppression de ceux dont le numéro d'ordre est impair.

Au surplus, il est bien inutile de tracer tous ces arcs, dont le nombre devient considérable quand l'ouverture est grande.

Dans la région comprise entre les abscisses limites $10 \leqslant x \leqslant l-10$, on peut sans erreur sensible, tracer une courbe unique, qui est la parabole :

$$X = \frac{x(l-x)}{10} + 2,625.$$

Dans cette région, le moment fléchissant maximum s'obtient en ajoutant la constante 2,625 au moment produit par la charge uniforme $\frac{1}{5}$.

On voit que le but poursuivi par le Règlement, de simplifier et d'abréger les calculs de stabilité, a été pleinement atteint.

41. Ponts biais. — L'article 4 du Règlement prescrit de tenir compte de la dissymétrie des charges dans le calcul des ponts biais. Il nous a paru utile d'exposer la marche à suivre.

On commencera par tracer les lignes élastiques OML et O'M'L' des deux poutres principales, sous la charge permanente et la surcharge la plus défavorable.

La méthode que nous allons exposer est absolument générale : elle demeurera donc applicable si, les parements intérieurs des culées n'étant pas parallèles, les longueurs des poutres sont différentes, et si, ces poutres n'étant pas dans des plans parallèles, leur écartement mutuel a est variable d'une extrémité de la travée à l'autre.

Mais, pour fixer les idées, nous supposerons que la travée soit indépendante, que les deux culées soient parallèles, et qu'il en soit de même pour les poutres.

Soient θ l'angle du biais, et l l'ouverture biaise.

Si les poutres sont de hauteur constante et d'égale résistance, la ligne élastique est la parabole :

$$y = \frac{4f}{l^2} x (l - x).$$

La flèche au milieu est : $f = \frac{Rl^2}{4Eh}$.

L'écart vertical entre les lignes élastiques des deux poutres, dans un plan perpendiculaire à l'élévation, a l'expression linéaire :

$$z = y - y' = \frac{4f}{l^2} a \operatorname{cotg} \theta \, (l - 2x + a \operatorname{cotg} \theta).$$

Il est représenté sur la figure par la droite AB', que prolongent de part et d'autre l'arc AO de l'une des lignes élastiques, et l'arc B'L' symétrique de l'autre ligne.

Cet écart est la donnée initiale du problème : quels que soient le type et les dispositions, plus ou moins irrégulières en plan et en élévation, de l'ouvrage à calculer, on pourra toujours le déterminer.

La dénivellation des membrures opposées des deux poutres, mesurée par l'écart vertical z, développera dans les éléments de l'ossature des efforts secondaires que nous nous proposons de calculer.

Admettons que le pont soit pourvu d'un double contreventement longitudinal. Une coupe transversale, par un plan perpendiculaire à l'élévation, renfermera les

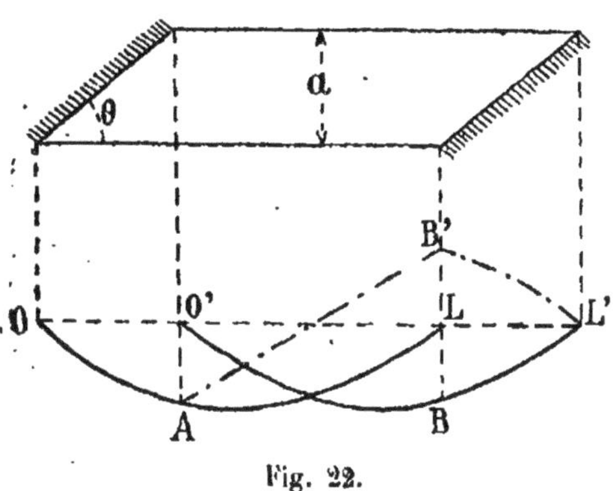

Fig. 22.

axes de quatre pièces reliant deux à deux les membrures A, B, C, D, savoir :

1° Deux entretoises AB et CD, de longueur a, dont

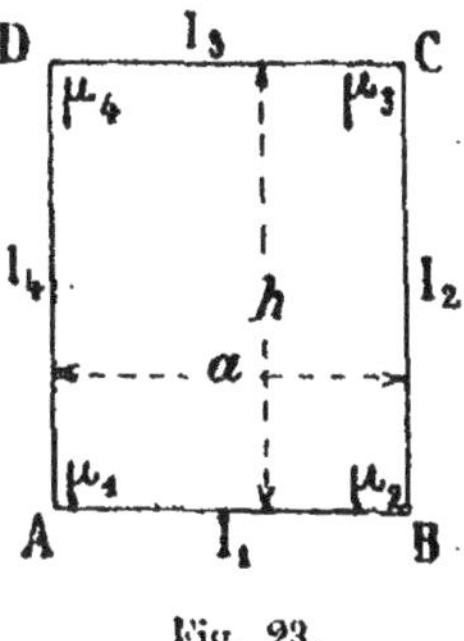

Fig. 23.

l'une sera une pièce de pont du tablier, et l'autre une barre de contreventement longitudinal. Nous désignerons par I_1 et I_3 leurs moments d'inertie respectifs.

2° Deux montants verticaux AD et BC, de longueur h, qui appartiennent aux triangulations des poutres principales. Nous désignerons leurs moments d'inertie par I_2 et I_4.

Ces quatre barres, reliées ensemble par des assemblages à rivets ou boulons, constituent un cadre rectangulaire rigide, dont les angles sont invariables.

Soient μ_1, μ_2, μ_3 et μ_4 les couples d'encastrement aux sommets du cadre : ce sont les inconnues du problème.

On sait que dans une barre OL sollicitée à ses extrémités par des couples μ et μ', le moment fléchissant et l'effort tranchant ont pour expressions :

$$X = \mu\left(1 - \frac{x}{l}\right) + \mu'\frac{x}{l};$$

$$V = \frac{\mu' - \mu}{l}.$$

La flèche élastique φ et la déviation angulaire θ ont, à l'extrémité L, les valeurs suivantes :

$$\varphi = \frac{l^2}{6EI}(2\mu + \mu');$$

$$\theta = \frac{l}{2EI}(\mu + \mu').$$

Prenons pour origine le sommet A, et pour direction initiale fixe la droite AB. Nous déterminerons sans peine, en fonction des quantités I_1, I_2, I_3 et I_4, les déplacements parallèles à AB ou à CD des sommets successifs B, C, D, ainsi que les déviations angulaires en ces points. Ayant accompli le circuit ABCD, nous reviendrons à l'origine A, pour laquelle nous devrons trouver que les déplacements vertical et horizontal sont nuls, ainsi que la déviation angulaire.

Sans entrer dans le détail des calculs, qui est sans intérêt, nous écrirons immédiatement les trois équations de condition, conséquences de la rigidité du cadre :

$$(1)\quad \mu_1\left(\frac{a}{I_1}+\frac{h}{I_4}\right)+\mu_2\left(\frac{a}{I_1}+\frac{h}{I_2}\right)+\mu_3\left(\frac{a}{I_3}+\frac{h}{I_2}\right)+\mu_4\left(\frac{a}{I_3}+\frac{h}{I_4}\right)=0;$$

$$(2)\quad \mu_1\frac{a}{I_1}+\mu_2\left(\frac{2a}{I_1}+\frac{3h}{I_2}\right)+\mu_3\left(\frac{2a}{I_3}+\frac{3h}{I_2}\right)+\mu_4\frac{a}{I_3}=0;$$

$$(3)\quad \mu_1\frac{h}{I_4}+\mu_2\frac{h}{I_2}+\mu^3\left(\frac{3a}{I_3}+\frac{2h}{I_2}\right)+\mu_4\left(\frac{3a}{I_3}+\frac{2h}{I_4}\right)=0.$$

Supposons maintenant que nous connaissions le déplacement vertical z du sommet B au-dessous de l'horizontale AB, qui est une donnée du problème, puisqu'il mesure la dénivellation des poutres dans la section transversale envisagée.

Les deux poutres de contreventement longitudinal s'opposent à tout déplacement horizontal des sommets C et D, qui sont maintenus sur les verticales des sommets A et B.

Faisons pivoter le cadre de l'angle α autour du sommet A, pris pour origine : il en résultera pour le sommet B un déplacement vertical $+\alpha a$, et pour le sommet D un déplacement horizontal $-\alpha h$.

Ce mouvement de rotation et la déformation élastique du système doivent, par leur combinaison, conduire à ce double résultat que le sommet B s'abaisse de la quantité z, tandis que le sommet D demeurera sur la verticale du point A.

Nous en déduisons deux nouvelles relations de condition :

$$(4)\quad -\alpha h-\frac{h^2}{6EI_4}(2\mu_4+\mu_4)=0;$$

$$(5)\quad \alpha a-\frac{a^2}{6EI_1}(2\mu_1+\mu_2)=z.$$

Le problème est résolu, puisque nous disposons de cinq équations linéaires entre les inconnues μ_1, μ_2, μ_3 et μ_4. On peut d'ailleurs éliminer immédiatement la dernière entre les relations (4) et (5) :

$$(6) \qquad -\frac{a}{6E}\left(a\,\frac{(2\mu_1+\mu_2)}{I_1}+h\,\frac{(2\mu_1+\mu_4)}{I_4}\right)=z.$$

Ayant déterminé les couples d'encastrement μ_1, μ_2, μ

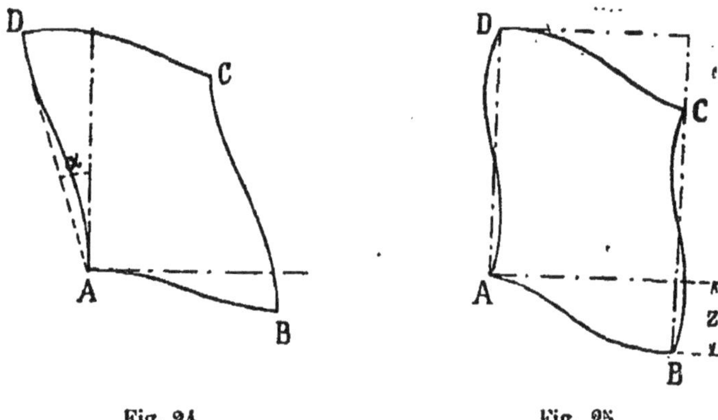

Fig. 24. Fig. 25.

et μ_4, nous en déduirons pour chaque barre l'expression du moment fléchissant $\mu\left(1-\frac{x}{l}\right)+\mu'\frac{x}{l}$, et celle de l'effort tranchant $\frac{\mu+\mu'}{l}$.

Les efforts tranchants V_1 et V_3, relatifs aux entretoises, sont de même signe. Leur somme $V_1 + V_3$ est une charge verticale qui se retranche du poids porté par la poutre principale BC, et s'ajoute à celui de la poutre opposée AD. Les réactions exercées par les entretoises ont donc pour effet de soulager la poutre basse et d'alourdir la poutre haute : elles tendent par suite à réduire la dénivellation. Rien ne s'oppose à ce qu'ayant calculé les poids $V_1 + V_3$ pour un certain nombre de cadres, on évalue les déformations élastiques subies de ce chef par les poutres principales, de façon à déterminer l'atténuation apportée de ce chef à l'écart vertical des membrures : il est présumable qu'en général cette correction serait de faible importance et négligeable, à moins que les entretoises n'aient un moment d'inertie exceptionnellement élevé pour le rôle qu'elles doivent jouer.

Les efforts tranchants V_2 et V_4, relatifs aux montants, sont également de même signe. Leur somme représente une poussée horizontale qui tire la poutre de contreventement AB dans la direction de A vers B, et la poutre opposée BC dans le sens opposé. Elle donne la mesure du rôle joué par ces deux poutres, qui s'opposent au déversement du cadre, et réagissent pour maintenir verticales les poutres principales du pont.

La résolution des quatre équations linéaires simultanées (1), (2), (3) et (6), pour la détermination des inconnues μ_1, μ_2, μ_3, μ_4, peut nécessiter des opérations numériques ennuyeuses. Mais il arrive que des données particulières simplifient la besogne.

Supposons par exemple que les deux montants AB et BC soient identiques : $I_2 = I_4$.

On en conclut : $\mu_1 = -\mu_2$ et $\mu_3 = -\mu_4$.

Il n'y a plus qu'à résoudre les deux équations :

$$\mu_1\left(\frac{a}{I_1} + \frac{3h}{I_2}\right) = \mu_3\left(\frac{a}{I_3} + \frac{3h}{I_2}\right);$$

$$z = -\frac{a}{6E}\left(\frac{\mu_1 a}{I_1} + \frac{(2\mu_1 - \mu_3)h}{I_2}\right).$$

Il n'arrive jamais que les deux entretoises aient même

moment d'inertie, parce que l'une est une pièce de pont, et l'autre une barre de contreventement, toujours moins forte. Mais, à titre de première approximation, on peut attribuer à chacune le moment d'inertie moyen $\frac{I_1 + I_2}{2}$.

On trouve alors : $\mu_1 = -\mu_2 = \mu_3 = -\mu_4$

et $$z = -\frac{a\mu_1}{6E}\left(\frac{a}{I_1} + \frac{h}{I_2}\right).$$

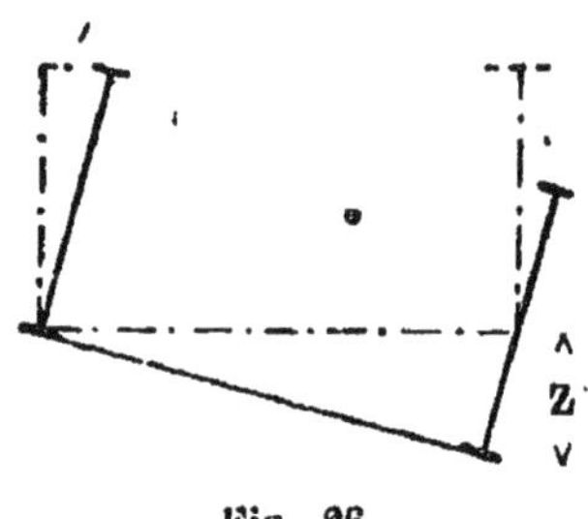

Fig. 26.

Ce calcul sommaire permettra d'apprécier l'ordre de grandeur de μ_1 et d'arrêter provisoirement les sections à attribuer aux éléments du cadre, avant de procéder au calcul complet et exact.

Considérons à présent le cas d'un pont pourvu d'une seule poutre de contreventement, faisant corps avec le tablier. Les moments μ_1 et μ_2 étant alors nuls, l'ossature s'inclinera par pivotement autour du sommet A, sans que son mouvement soit entravé par aucun autre obstacle que la résistance au voilement du tablier et des deux poutres, dont les plans se transformeront en surfaces réglées à génératrices normales à l'axe du pont. Nous ne sommes en mesure de fournir aucune indication sur cette résistance, qui *a priori* parait devoir être de faible importance. La fatigue supplémentaire résultant directement de cette déformation secondaire sera sans doute également insignifiante. Mais on aurait tort d'en conclure que ce genre de déformation soit sans inconvénient. Il peut en résulter un flam-

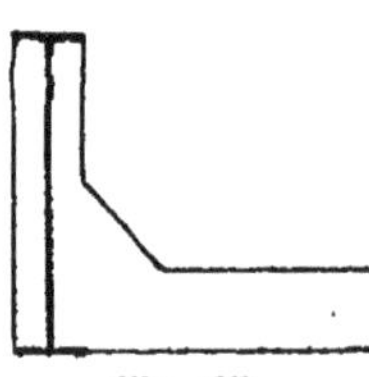
Fig. 27.

bement de la membrure supérieure, qui n'a jamais qu'une faible rigidité latérale. On écartera ce risque en étayant la membrure sur la pièce de pont. Dan les ponts-rails, on relie d'habitude les deux éléments par un gousset triangulaire intérieur. Dans les ponts-routes, on préfère, pour ne pas gêner la circulation sur le trottoir, faire emploi d'une béquille extérieure, dont le pied s'appuie sur un prolongement de la poutrelle.

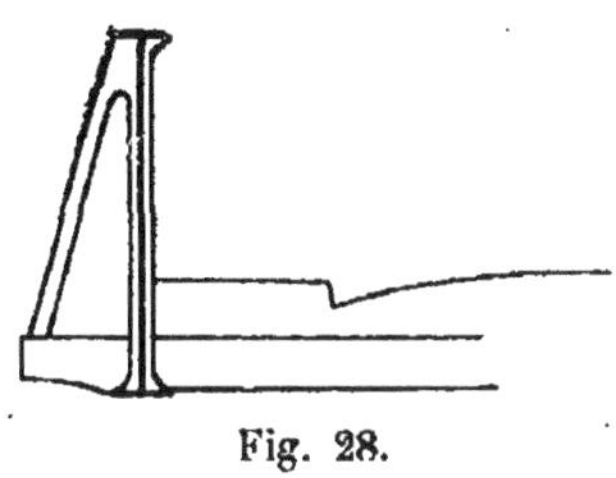
Fig. 28.

Cet organe de contreventement transversal n'a pas besoin d'être fort, parce qu'il n'aura à subir qu'un effort presque insignifiant. Mais il faut qu'il soit rigide.

On emploiera donc une pièce de très faible échantillon, mais en lui donnant une base aussi étendue qu'il sera possible. Il s'agit en somme d'étayer une cloison mince, pour en prévenir le déversement. En pareil cas un simple bâton peut faire l'affaire, à condition de l'incliner suffisamment sur la verticale.

Un élément plus robuste, mais collé verticalement sur cette cloison, serait beaucoup moins efficace.

42. Pont suspendu Gisclard. — Ce type, géométriquement indéformable, a été imaginé par le Colonel du génie *Gisclard,* qui en a fait il y a quelques années une première application à la *Cassagne,* sur le chemin de fer à traction électrique de Perpignan à Bourg-Madame (fig. 29).

On s'en est servi depuis pour quelques ponts-routes, d'ouvertures moyennes.

Description. — Chaque ferme du pont se compose de deux demi-fermes triangulées, ABOA′ et A′B′OA, qui sont symétriques par rapport à la verticale passant par le milieu de l'ouverture (*fig.* 30).

La demi-ferme ABOA' comprend : 1° un câble *principal* rectiligne OA'; 2° un *tirant* OB, à tracé polygonal, qui forme le prolongement du câble principal. Le premier côté OI de la ligne brisée du tirant s'écarte peu de la direction OA' du câble principal. Les derniers côtés (de V à VII sur la figure) sont horizontaux; 3° un faisceau en

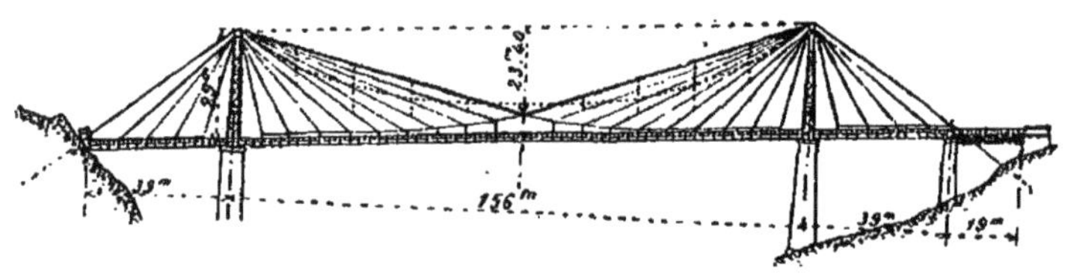

Fig. 29.

éventail de *haubans* rectilignes, qui relient l'appui sur pile A aux points d'attache successifs I, II, III, etc., des tiges de suspension du tablier sur le tirant. Le tirant s'arrête à son point de jonction B avec la dernière tige et le dernier hauban.

Les deux demi-fermes ABOA' et A'B'OA sont indépendantes, sous cette seule réserve que, le premier hauban AO de la ferme de gauche étant accolé au câble principal de la ferme de droite, il est judicieux de fondre ces deux éléments, en n'installant de A en O qu'un seul câble, qui est à la fois principal pour la demi-ferme de droite et hauban pour celle de gauche. Cette circonstance oblige à relier en O les deux demi-fermes par une articulation centrale, qui d'ailleurs ne joue qu'un rôle accessoire, identique à celui des autres nœuds I, I, III, etc., du tirant.

Chaque demi-ferme porte à elle seule toutes les charges

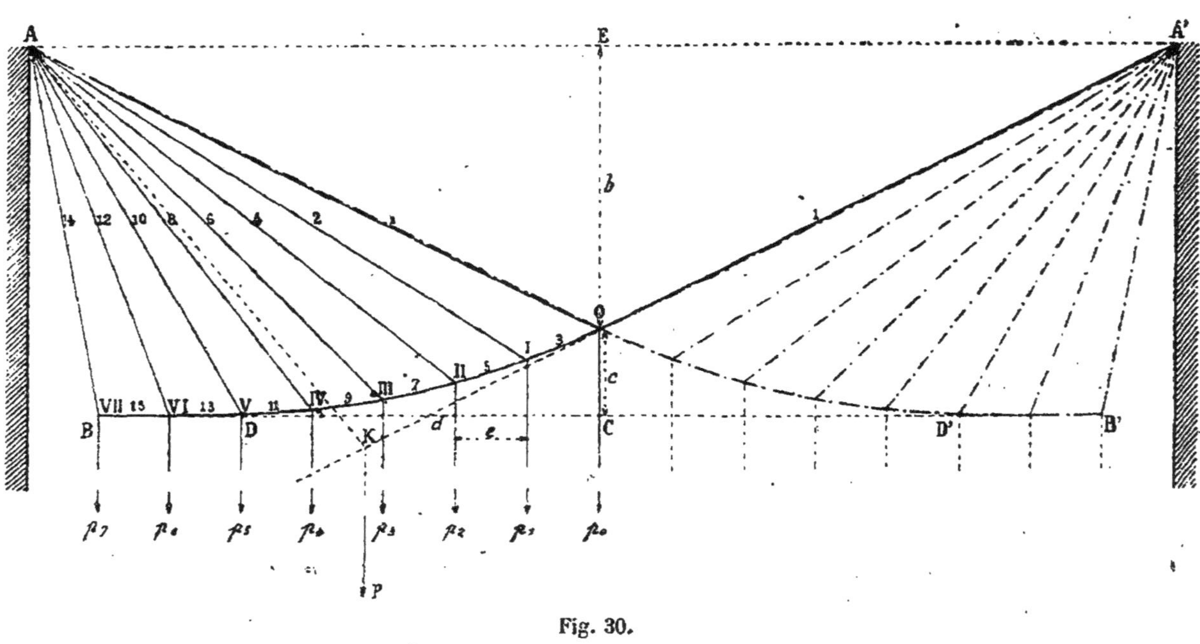

Fig. 30.

appliquées sur la demi-ouverture du pont, dont les tiges de suspension du tablier sont rattachées à son tirant. La charge centrale p_0, transmise par la tige de suspension médiane OC, se partage par moitié entre les demi-fermes.

Les données géométriques du pont sont :

L'ouverture : AA′ ou $2a$;

La flèche des câbles principaux : OE ou b ;

La flèche des tirants, OC ou c ;

La longueur en projection horizontale de la ligne brisée décrite par le tirant, à l'exclusion des côtés horizontaux (V, VI et VI, VII sur la fig.), CD ou d ;

L'équidistance e des tiges de suspension des tabliers.

Calcul graphique d'une demi-ferme ABOA′. — On n'envisagera que les charges transmises par les tiges de suspension qui aboutissent au tirant de la demi-ferme, de I à VII. La charge p_0, suspendue à l'articulation centrale, sera divisée par deux.

L'épure de *Cremona* permet d'effectuer sans peine ce calcul graphique, en partant du nœud extrême B et se dirigeant vers l'articulation centrale O (fig. 31). Les efforts de traction supportés par les haubans sont représentés sur l'épure par les côtés successifs de la ligne brisée *mn*. Le côté 1′ indique l'effort subi par le câble OA, en tant que hauban de la ferme envisagée : il doit être ajouté à l'effort que ce même élément supporte en tant que câble principal de la demi-ferme opposée. Le côté 1 représente l'effort subi par le câble principal OA′ de la demi-ferme considérée.

Cette méthode de calcul graphique est absolument générale, quel que soit le mode de distribution de la charge ou de la surcharge. S'il arrivait que l'une des charges transmises au tirant se réduisît à zéro (à la suite par exemple de la rupture ou du démontage de la tige de suspension), on constaterait que le hauban correspondant à cette tige doit être théoriquement soumis à un effort de compression sous l'influence des poids appliqués aux nœuds *inférieurs*. C'est ainsi que dans la figure 32

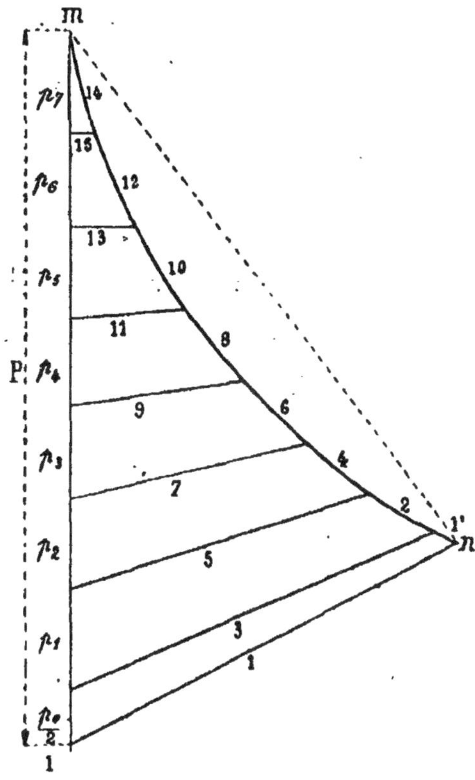

Fig. 31.

on a supposé nul le poids p_4, appliqué à l'extrémité inférieure du hauban 8. L'épure de Crémona indiquant un effort 8 négatif, on en conclura que le câble en question doit se détendre et se relâcher. A titre de vérification de l'épure de Crémona, on devra constater que la corde *mn* (fig. 31) est parallèle à la droite AK, qui joint l'appui A au point de rencontre K du prolongement de la droite OA avec la résultante P de toutes les charges portées par la demi-ferme (fig. 30).

Il résulte de cette épure : 1° que le câble principal est influencé par tous les poids appliqués aux nœuds de la

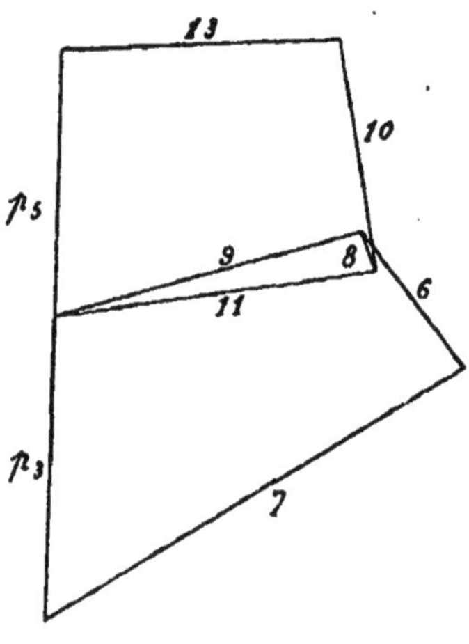

Fig. 32.

demi-ferme; 2° qu'un élément 7 du tirant est influencé par les poids appliqués aux nœuds III à VII inclus compris entre cet élément et le sommet inférieur B de la demi-ferme, mais non par les poids appliqués aux nœuds supérieurs, de II à O inclus; 3° qu'un hauban 6 est influencé par le poids p_3 appliqué à son extrémité, ainsi que par les poids appliqués aux nœuds inférieurs jusqu'à B; mais qu'il n'est pas influencé par les poids appliqués aux nœuds supérieurs de II à O inclus.

Si l'on admet que la surcharge d'épreuve soit constituée par un train mobile, les deux dispositions à envisager pour le calcul d'un élément MN du tirant et du hauban AM aboutissant à son nœud supérieur M sont en principe les suivantes : 1° le train sera placé entre le nœud M et la pile la plus voisine A de façon que son premier essieu *a*

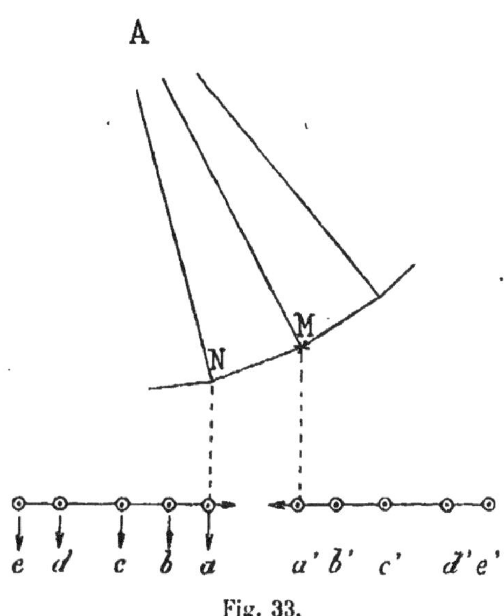

Fig. 33.

soit sur la verticale du nœud N, qui suit le nœud M (fig. 33). La tension du câble MN atteint alors son maximum, tandis que la tension du hauban AM est minimum ; 2° le train sera placé entre le nœud M et la pile la plus éloignée A', de façon que son premier essieu *a'* se trouve sur la verticale du nœud M. La tension du câble MN atteint son minimum qui correspond exclusivement à la charge permanente supportée de M en B par la demi-ferme. La tension du hauban atteint son maximum, qui correspond à cette même charge permanente, ainsi qu'à la charge et à la surcharge transmises par la tige de suspension qui aboutit en M.

Cette règle n'est pas absolument rigoureuse : pour peu que le poids de l'essieu a soit relativement faible, ou bien que sa distance à l'essieu suivant b soit grande, il peut se faire que les efforts limites cherchés correspondent à des positions un peu différentes du train d'épreuve, obtenues en déplaçant légèrement ce train dans le sens de N vers M dans le premier cas, et dans le sens de M vers N dans le second. On procédera le cas échéant à quelques tâtonnements, en général sans grande utilité, parce que, dans le voisinage d'un maximum, la tension à calculer ne saurait varier notablement pour un petit déplacement du train. Au surplus, cette recherche serait analogue à celle qui, dans une travée indépendante, a pour objet de déterminer le maximum de l'effort tranchant dans une section déterminée de la poutre.

Calcul numérique de la demi-ferme. — Prenons pour axes de coordonnées la verticale EO et l'horizontale EA (fig. 34) et désignons par x et y l'abscisse et l'ordonnée du nœud M ; par α, l'angle d'inclinaison sur l'horizontale de l'élément MN du tirant ; par α' ce même angle pour l'élément LM situé de l'autre côté du nœud M ; par β l'angle d'inclinaison sur l'horizontale du hauban AM ; enfin par u l'abscisse d'un poids p appliqué à l'un des nœuds de la demi-ferme.

La tension horizontale S de l'élément MN du tirant se calculera par la formule :

$$S = \Sigma_{N}^{n} \frac{p(a-u)}{y+(a-x)tg\alpha}.$$

On ne doit tenir compte que des poids appliqués de B

($u = e$) à N ($u = x - e$), à l'exclusion du poids appliqué en M et de ceux appliqués aux nœuds supérieurs de L à O.

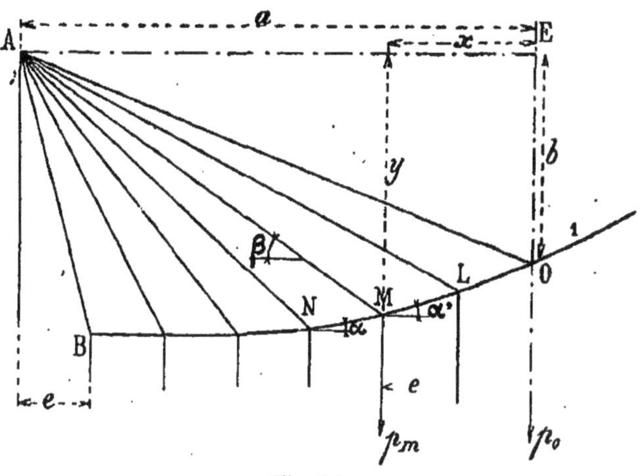

Fig. 34.

L'effort total de traction supporté par l'élément MN est $\frac{S}{\cos \alpha}$; sa composante verticale est S tg α.

Cette même relation s'applique au câble principal OA' ou 1, pour lequel on a :

$$y = b, \quad x = 0 \quad \text{et} \quad \operatorname{tg} \alpha = \frac{b}{a}.$$

Elle devient :

$$S = \Sigma_n^o \frac{p\,(a-u)}{2b}.$$

Il y a lieu d'y faire figurer tous les poids appliqués à la demi-ferme, en ne prenant que la moitié de la charge centrale p_0 transmise à l'articulation O.

On voit que la fraction d'un poids p transmise à l'appui A' par le câble principal varie de zéro, pour $u = a$, jusqu'à $\frac{1}{2}$, pour $u = 0$.

Une charge uniformément répartie sur la moitié du tablier, de O en A, est reportée sur l'appui A' par le câble principal pour $\frac{1}{4}$ seulement ; les trois autres quarts sont transmis à l'appui A par les haubans de la demi-ferme.

Désignons par p_m la charge directement appliquée au nœud M. La tension *horizontale* T du hauban AM est calculable par la formule :

$$T = \frac{p_m}{\operatorname{tg} \alpha' + \operatorname{tg} \beta} - \Sigma_B^N \frac{p(a-u)}{y + (a-x) \operatorname{tg} \alpha} + \Sigma_B^N \frac{p(a-u)}{y + (a-x) \operatorname{tg} \alpha'}$$

$$= \frac{p_m}{\operatorname{tg} \alpha' + \operatorname{tg} \beta} - S(a-x) \cdot \frac{\operatorname{tg} \alpha' - \operatorname{tg} \alpha}{y + (a-x) \operatorname{tg} \alpha'}.$$

La tension totale du hauban est $\frac{T}{\cos \beta}$, et sa composante verticale est $T \operatorname{tg} \beta$.

Calcul de la déformation élastique. — Après avoir déterminé par l'une des deux méthodes exposées ci-dessus les tensions de tous les éléments des deux demi-fermes associées, on en pourra déduire les allongements élastiques correspondants, auxquels on ajoutera, s'il y a lieu, ceux dus à une élévation de température ou bien à un déplacement des câbles sur les appuis A et A', si ces points ne sont pas absolument fixes.

Soient δl et $\delta l'$ les allongements ainsi calculés pour les deux câbles principaux OA et OA'. On en déduira les déplacements horizontal δx et vertical δy de l'articulation centrale O par les formules classiques (fig. 35).

$$\delta x = \frac{\delta l - \delta l'}{2} \sqrt{1 + \frac{b^2}{a^2}};$$

$$\delta y = \frac{\delta l + \delta l'}{2} \sqrt{1 + \frac{a^2}{b^2}}.$$

Sachant que le point A est *fixe* et connaissant les déplacements du point O, on déterminera sans difficulté, par les formules habituelles, les déplacements du nœud I, 3e sommet du triangle AOI, et on continuera de proche en proche jusqu'au dernier nœud VII en B.

On pourra faciliter et abréger les recherches en recourant à la méthode de calcul graphique exposée dans le

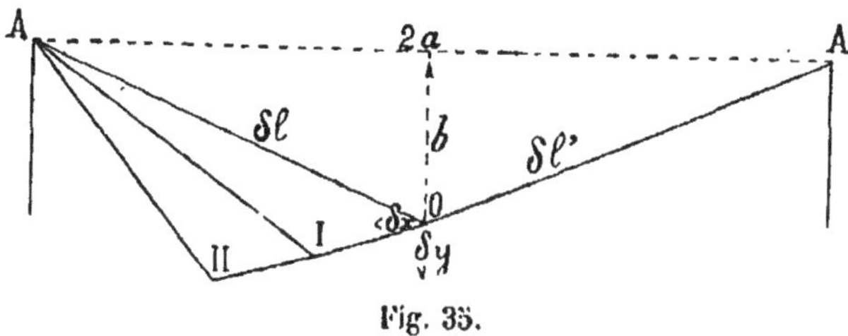

Fig. 35.

Cours de Résistance de matériaux (Stabilité des constructions, art. 103), dont l'emploi peut être fait ici dans des conditions spéciales de commodité, parce que l'on a comme points de départ les déplacements connus des extrémités A et O d'un élément de la triangulation.

Détermination graphique du polygone décrit par le tirant. — La demi-ferme ABOA'. étant constituée exclusivement par des câbles flexibles, ne peut être indéformable (abstraction faite des effets dus aux allongements élastiques) que si tous les éléments travaillent en tout temps à l'extension. Cette condition est toujours remplie pour les câbles principaux et les tirants. Mais il n'en est de même pour les haubans que si la ligne brisée, qui a pour sommets les nœuds I, II, III, etc., a été convenablement tracée. Il y aura lieu, dans ce but, de procéder comme il suit (fig. 36, 37 et 38).

Supposons que le train d'épreuve, représentant la surcharge variable, soit placé entre le nœud IV et la pile la plus voisine de façon que son premier essieu a soit sur la verticale du nœud (fig. 36). On déterminera l'effort de tract[illegible] supporté du fait de cette surcharge par le câble

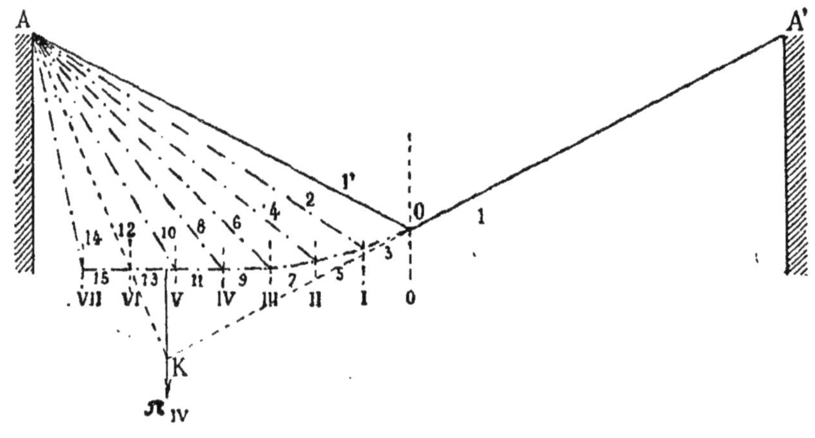

Fig. 36.

principal OA', en construisant un triangle dynamique dont le côté vertical représente le poids total π_{IV} du train d'épreuve et dont les deux autres côtés soient respectivement parallèles à OA' et à la droite AK, qui joint l'appui A au point de rencontre des directions du câble principal et de la résultante π_{IV} de la surcharge. On procédera de la même manière pour toutes les positions du train, dans lesquelles le premier essieu a est sur la verticale d'un nœud du tirant, de O à B.

Après avoir porté les longueurs représentatives des efforts de traction correspondants UO′, UI′, UII′, etc., sur une parallèle à OA′, on ajoutera à la suite l'effort de traction UO″ du câble principal, dû à la charge permanente O″P appliquée sur la moitié OA du tablier. Cette charge est divisée en fractions $\frac{p_0}{2}$, p_1, p_2..., etc., représentant les poids transmis par les tiges de suspension successives.

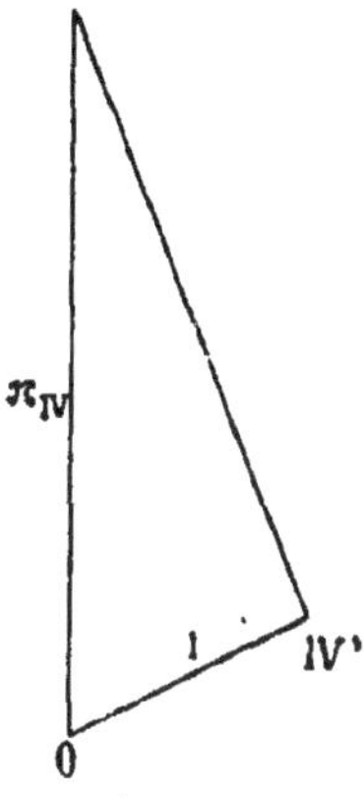

Fig. 37.

En joignant, sur la figure 38 les points I′ et I″, on obtiendra la direction du premier côté 3 du tirant et on en déduira celle du hauban 2, qui, sur la figure 36, rencontre le côté 3 sur la verticale I. On mènera, par le point II′ sur la fig. 38, une parallèle à ce hauban, et on joindra son point d'intersection avec la droite I′II″ au point de division II″ de la charge P, ce qui fournira la direction du côté 5 du tirant, d'où l'on déduira celle du hauban 4.

On déterminera ainsi, de proche en proche, les directions de tous les côtés du tirant et celles des haubans.

Par exemple, en ce qui touche l'élément 9, on tracera sur la figure 38 une ligne brisée dont les côtés seront parallèles aux haubans 2, 4, 6, et dont les sommets seront sur les droites 3, 5, 7, déjà tracées sur l'épure. On joindra l'extrémité de cette ligne brisée, sur la droite 7, au point de division IV″ de la charge P, et l'on obtiendra ainsi la direction du côté 9.

Il arrivera toujours qu'à un moment donné la direction trouvée pour un côté du tirant sera *ascendante* vers la verticale P, alors que les précédentes étaient *descendantes*.

Tel serait, sur la figure 38, le cas du côté 11. Il conviendra alors de s'arrêter, le tirant ne devant pas remonter vers l'appui A. On attribuera sur la figure 36 la direction horizontale au côté en question et aux suivants. C'est ainsi que, sur cette figure, les trois derniers côtés 11, 13 et 15 sont horizontaux. Il en résulte que dans les derniers

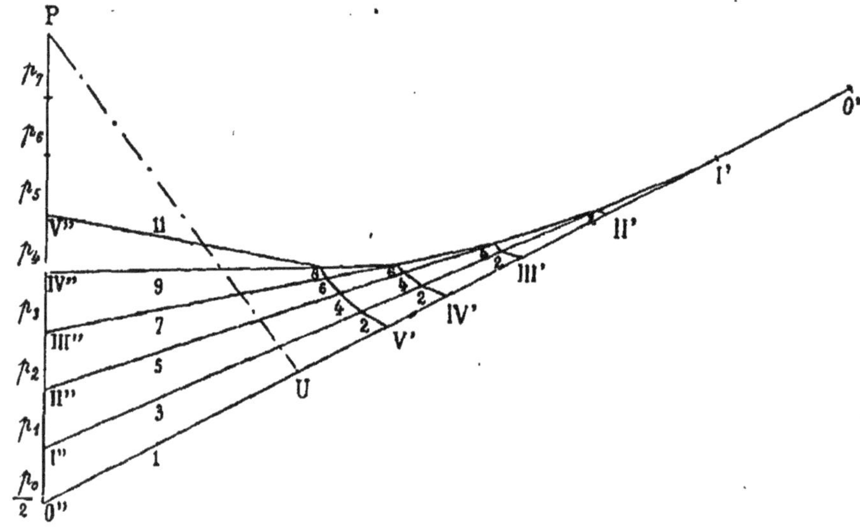

Fig. 38.

haubans 10, 12 et 14, l'effort subi est, dans les cas les plus défavorables, une traction supérieure à zéro, alors que pour les premiers cet effort varie entre deux limites, dont l'inférieure est nulle.

Etude analytique de la ferme Gisclard. — Nous admettrons : 1° que la charge permanente p soit uniformément répartie ; 2° que la surcharge d'épreuve q également à répartition uniforme puisse couvrir une fraction du tablier choisie arbitrairement, et notamment la région comprise entre l'appui A et une verticale quelconque, entre A et O ; 3° que le faisceau des haubans soit *continu*, c'est-à-dire se compose d'une infinité de fils très fins reliant l'appui A à tous les points successifs du tirant, qui devra alors décrire une courbe et non plus une ligne brisée. Nous nous proposerons de déterminer cette courbe par la condition que, dans le cas de la surcharge

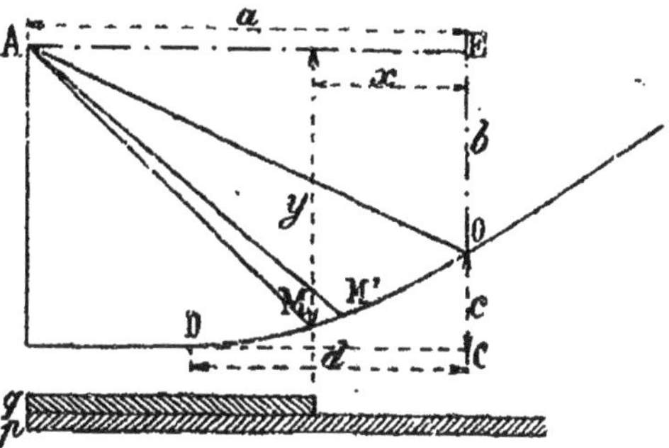

Fig. 39.

la plus défavorable, l'effort total de tension subi par un hauban du fait de la charge et de la surcharge puisse s'annuler, mais non pas se transformer en compression.

Supposons que la surcharge q couvre la partie de tablier comprise entre la verticale A et la verticale M, définie par l'abscisse x (fig. 10). Soit M' un point du tirant infiniment voisin de M. Nous définirons la courbe OMD par la condition que la tension horizontale tdx relative au hauban AM' soit nulle.

La tension horizontale du tirant est, au point M :

$$S = \frac{1}{2} \frac{(p+q)(a-x)^2}{y + (a-x)\frac{dy}{dx}}. \tag{1}$$

Lorsqu'on passe de M à M', la charge permanente s'augmente de pdx, tandis que la surcharge d'épreuve demeure invariablement limitée à la verticale M. D'où, en différenciant l'équation précédente :

$$(2) \qquad \left(y + (a - x)\frac{dy}{dx}\right)\frac{dS}{dx}dx + (a - x)S\frac{d^2y}{dx^2} = - p(a - x)dx.$$

Du moment que l'on suppose nulle la tension horizontale tdx du hauban AM', le nœud M' ne peut être en équilibre que si les tensions horizontales du tirant, de part et d'autre de ce point, sont égales.

On a donc :

$$\frac{dS}{dx} = 0.$$

L'équation différentielle précédente se réduit ainsi à :

$$(3) \qquad (a - x)S\frac{d^2y}{dx^2}dx = - p(a - x)dx,$$

ou en remplaçant S par son expression précédemment énoncée,

$$(4) \quad (p + q)(a - x)^2\frac{d^2y}{dx^2} + 2p(a - x)\frac{dy}{dx} + 2py = 0.$$

L'intégrale générale de cette équation différentielle du second ordre est

$$y = A(a - x)^{\frac{2p}{p+q}} + B(a - x).$$

Nous déterminerons les constantes A et B par la condition que la courbe passe au point O et que son inclinaison sur l'horizontale soit, en ce point, la même que celle du câble principal qui prolonge le tirant.

On a donc : pour $x = 0$: $y = b$ et $\frac{dy}{dx} = \frac{b}{a}$.

Nous trouvons en définitive que la courbe OMD a pour équation :

$$(5) \qquad \frac{y}{b} = 2\frac{p+q}{q-p}\left(1 - \frac{x}{a}\right)^{\frac{2p}{p+q}} - \frac{3p+q}{q-p}\left(1 - \frac{x}{a}\right).$$

Pour $q = 0$ (surcharge nulle), cette formule devient :

$$(6) \qquad \frac{y}{b} = 1 + \frac{x}{a}\left(1 - \frac{2x}{a}\right).$$

C'est une *parabole*.

Pour $q = \infty$, on trouve :

$$(7) \qquad \frac{y}{b} = 1 + \frac{x}{a}.$$

C'est le prolongement du câble principal OA'.

L'équation (5) prend une forme indéterminée quand on pose $q = p$. Mais si l'on se reporte à l'équation différentielle (4), on constate que, dans ce cas particulier, la courbe a pour équation :

$$(8) \qquad \frac{y}{b} = \left(1 - \frac{x}{a}\right)\left[1 - 2\,\text{Log.}\left(1 - \frac{x}{a}\right)\right].$$

Les coordonnées $b + c$ et d du point D, sommet de la courbe à partir duquel le tirant devient horizontal, se déduisent aisément des relations précédentes en posant :

$$\frac{dy}{dx} = 0.$$

$$\frac{b+c}{b} = 2\left(\frac{3p+q}{4p}\right)^{\frac{2p}{p-q}};$$

$$\frac{d}{a} = 1 - \left(\frac{3p+q}{4p}\right)^{\frac{p+q}{p-q}}.$$

Pour $q = 0$, on trouve : $c = \frac{b}{8}$ et $d = \frac{a}{4}$.

Pour $p = 0$, on trouve : $c = b$ et $d = a$.

Dans le cas particulier où l'on pose : $p = q$, la relation (8) fournit les indications suivantes :

$$\frac{d}{a} = 1 - e^{-\frac{1}{2}} = 0{,}394$$

$$\frac{b+c}{b} = 2\left(1 - \frac{d}{a}\right) = 1.212.$$

Le cas théorique que nous venons de traiter en envisageant l'hypothèse d'un faisceau continu de haubans, est plus défavorable que la réalité. Toutes choses égales d'ailleurs en ce qui touche les dimensions du pont ainsi que la charge p et la surcharge q, si l'on place les nœuds du tirant polygonal sur la courbe dont nous avons énoncé ci-dessus l'équation, les efforts de traction des haubans seront toujours, dans les conditions les plus défavorables de surcharge, supérieurs à zéro. Mais la petite marge de sécurité ainsi réservée peut être utile pour compenser les effets de la température, susceptibles de provoquer le relâchement des haubans quand l'effort de traction subi par ceux-ci, du fait de la charge et de la surcharge, est très voisin de zéro.

Généralisation du système Gisclard. — Supposons que la courbe décrite par le tirant, au lieu de partir de l'articulation tangentiellement à la direction OA' du câble principal, se rapproche de l'horizontale en faisant un angle θ avec la droite OA'. L'ouvrage pourra être encore stable et indéformable, à condition que l'angle θ soit assez petit pour qu'en aucune circonstance l'effort de traction subi par l'autre câble principal OA ne tombe au-dessous de zéro (fig. 40).

La limite supérieure de l'angle θ se déterminera comme il suit :

Après avoir placé le train représentant la surcharge d'épreuve sur la moitié de gauche du tablier, de façon

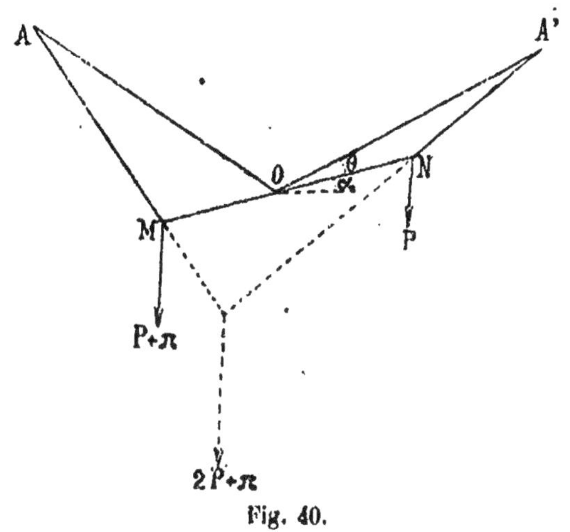

Fig. 40.

que son premier essieu *a* soit sur la verticale du point O, on construira un polygone funiculaire AMNA' passant par les points A, O et A' et relatif aux deux forces P, charge permanente appliquée sur la moitié de droite du tablier et P + Π, charge permanente et surcharge appliquée sur la moitié de gauche (fig. 40). Le côté MN de ce polygone fournit la direction limite cherchée.

L'angle que fait à son origine le tirant avec le câble principal ne peut dépasser la valeur θ ainsi déterminée sans que le câble OA soit sujet à se relâcher quand la surcharge est disposée comme il vient d'être dit.

Cette modification dans le tracé du tirant n'entraîne aucun changement dans les méthodes graphique et numérique, applicables au calcul du pont. Il n'y a qu'à se reporter à ce qui a été dit pour le système Gisclard. Toutefois les deux demi-fermes cessent d'être indépendantes : les charges appliquées sur une moitié de tablier influencent à la fois celle qui porte directement ces charges et la demi-ferme opposée.

Dans l'épure graphique ou dans le calcul numérique, il faudra donc toujours envisager l'ensemble de la ferme. L'effort de traction subi en O par l'élément OI du tirant n'est pas en effet transmis en totalité au câble principal OA' qui lui fait suite, parce que ce câble n'a pas la même direction : il se partage entre le câble principal et l'autre tirant. L'articulation O devient de ce chef un organe de jonction important. Le principal inconvénient de ce dispositif est que l'effort maximum supporté par l'élément OI du tirant est supérieur à celui du câble OA' : par conséquent, on ne peut se contenter de prolonger ce câble au delà de l'articulation O; il est nécessaire de le renforcer.

En ce qui touche le calcul de la déformation élastique, nous n'avons rien à changer à la marche indiquée pour le pont Gisclard.

Il en est de même pour le tracé géométrique de la ligne brisée décrite par le tirant : l'épure de la figure 38 ne sera modifiée que par la substitution, dans le tracé de la droite O'UO'', de la direction initiale attribuée au tirant (figure 49) à celle du câble principal OA'. A part ce détail, il ne sera rien changé dans les constructions géométriques, qui correspondent à la condition qu'aucun hauban ne soit exposé à se relâcher.

Etude analytique. — Reprenons les données déjà admises pour l'étude analytique du système Gisclard (fig. 39).

Soit α l'angle que fait avec l'horizontale la tangente en O à la courbe décrite par le tirant (fig. 41); cet angle est plus petit que l'angle d'inclinaison sur l'horizontale du câble principal OA'. Sa limite inférieure s'obtient en appliquant la surcharge uniforme q sur la moitié de gauche du tablier, de O en A.

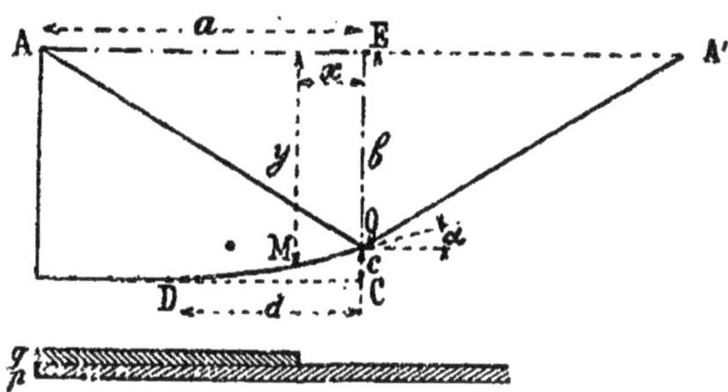

Fig. 41.

On trouve aisément pour valeur de cette limite inférieure de $\operatorname{tg} \alpha : \frac{q}{2p+q} \cdot \frac{b}{a}$.

L'équation différentielle de la courbe décrite par le tirant est encore

$$(p+q)(a-x)^2 \frac{d^2y}{dx^2} + 2p(a-x)\frac{dy}{dx} + 2py = 0.$$

L'intégrale générale est

$$\frac{y}{b} = \mathrm{A}\left(1-\frac{x}{a}\right)^{\frac{2p}{p+q}} + \mathrm{B}\left(1-\frac{x}{a}\right).$$

On déterminera les constantes A et B par la condition que y soit égal à b, et $\frac{dy}{dx}$ à $\operatorname{tg} \alpha$ pour $x = 0$ (articulation O).

D'où :

$$\frac{y}{b} = \left(1 + \frac{a}{b}\,\mathrm{tg}\,\alpha\right)\frac{p+q}{q-p}\left(1 - \frac{x}{a}\right)^{\frac{2p}{p+q}} +$$

$$\left[1 - \left(1 + \frac{a}{b}\,\mathrm{tg}\,\alpha\right)\frac{p+q}{q-p}\right]\left(1 + \frac{x}{a}\right).$$

Dans le cas particulier où, q étant égal à p, la relation précédente prend une forme indéterminée, l'expression de $\frac{y}{b}$ est en réalité :

$$\frac{y}{b} = \left(1 - \frac{x}{a}\right)\left[1 - \left(1 + \mathrm{tg}\,\alpha\,\frac{a}{b}\right)\mathrm{Log}\left(1 - \frac{x}{a}\right)\right].$$

Si l'on attribue à l'inclinaison α sa valeur minimum, en posant $\mathrm{tg}\,\alpha = \frac{b}{a}\,\frac{q}{2p+q}$, les formules précédentes deviennent :

$$\frac{y}{b} = 2\,\frac{(p+q)^2}{(2p+q)(q-p)}\left(1 - \frac{x}{a}\right)^{\frac{2p}{p+q}} +$$

$$\left(1 - 2\,\frac{(p+q)^2}{(2p+q)(q-p)}\right)\left(1 - \frac{x}{a}\right);$$

et pour $q = p$:

$$\frac{y}{b} = \left(1 - \frac{x}{a}\right)\left(1 - \frac{4}{3}\right)\mathrm{Log}\left(1 - \frac{x}{a}\right).$$

La courbe est beaucoup plus aplatie que dans le type Gisclard où l'on a $\mathrm{tg}\,\alpha = \frac{b}{a}$, comme le fait ressortir le tableau suivant :

	$\operatorname{tg} \alpha = \frac{b}{a}$		$\operatorname{tg} \alpha = \frac{q}{2p+q} \frac{b}{a}$	
	$\frac{d}{a}$	$\frac{c}{b}$	$\frac{d}{a}$	$\frac{c}{b}$
$q = 0$	0,25	0,125	0	0
$q = p$	0,394	0,212	0,221	0,039
$q = 2p$	0,488	0,280	0,370	0,110
$p = 0$	1	1	1	1

On voit que, pour $q = 0$, le tirant est horizontal sur toute sa longueur, de O en B. Cela signifie que l'on peut établir un pont indéformable du type représenté par la

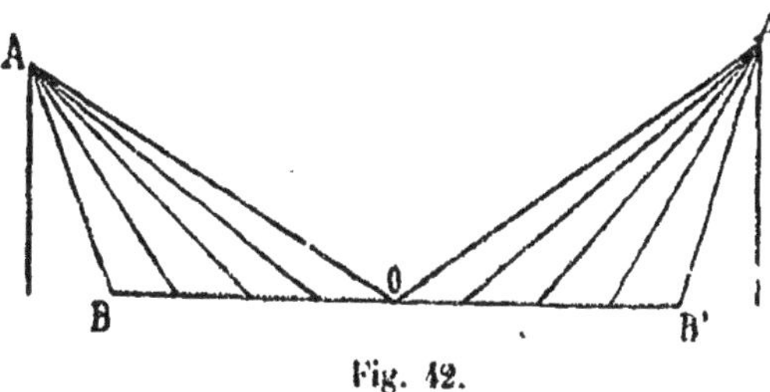

Fig. 42.

fig. 42 lorsque la surcharge est uniforme et couvre toujours la totalité du tablier, ainsi que la charge permanente. Tel serait le cas d'un pont supportant une conduite d'eau ou un canal. Mais si la surcharge n'est pas à répartition uniforme, ou bien peut ne couvrir qu'une fraction de l'ouverture, un ouvrage de ce genre ne serait pas indéformable, parce que les haubans seraient sujets à se relâcher. Il faudrait alors adopter un tirant dont la flèche ne fût pas nulle.

Nous terminerons cette étude en énonçant les formules qui, pour la charge uniforme complète p, et la surcharge uniforme incomplète q, permettent de calculer :

1° les limites extrêmes, inférieure Q' et supérieure Q'' de la tension horizontale d'un câble principal ;

2° les limites extrêmes, inférieure S' et supérieure S'', de la tension horizontale du tirant relative à la section transversale définie par l'abscisse x, qui est sa distance horizontale au milieu de l'ouverture ;

3° les limites extrêmes par mètre courant de tablier, inférieure t' et supérieure t'', de la tension horizontale d'un hauban, qui sont également fonctions de l'abscisse x de l'extrémité inférieure de cet élément du pont.

Il y a lieu de distinguer la région où le tirant décrit une courbe, de celle où il est horizontal.

1re *région*, de 0 à C : $0 \leqslant x \leqslant d$; $b \leqslant y \leqslant b + c$.

Pont Gisclard $\left(\operatorname{tg} \alpha = \frac{b}{a}\right)$:

$$Q' = \frac{pa^2}{4b} \quad ; \quad Q'' = \frac{(p+q)a^2}{4b}.$$

$$S' = \frac{pa^2}{4b}\left(1 - \frac{x}{a}\right)^{\frac{2q}{p+q}} ; \quad S'' = \left(\frac{p+q}{4b}\right) a^2 \left(1 - \frac{x}{a}\right)^{\frac{2q}{p+q}}.$$

$$t' = 0 \quad ; \quad t'' = q\frac{(2p+q)}{p+q}\frac{a}{2b}\left(1 + \frac{x}{a}\right)^{\frac{q-p}{p+q}}.$$

Cas limite du type général $\left(\operatorname{tg} \alpha = \frac{q}{2p+q}\frac{b}{a}\right)$:

$$Q' = 0 ; \quad Q'' = \frac{q(2p+q)}{p+q}\frac{a^2}{4b}.$$

$$S' = p\frac{(2p+q)}{p+q}\frac{a^2}{4b}\left(1 - \frac{x}{a}\right)^{\frac{2q}{p+q}} ;$$

$$S'' = (2p+q)\frac{a^2}{4b}\left(1-\frac{x}{a}\right)^{\frac{2q}{p+q}}.$$

$$t' = 0 \qquad t'' = q\left(\frac{2p+q}{p+q}\right)^2 \frac{a}{2b}\left(1-\frac{x}{a}\right)^{\frac{q-p}{p+q}}.$$

2e *région* : de C à B : $d \leqslant x \leqslant a$; $y = b + c$.

Le tirant est horizontal.

Les mêmes formules conviennent à tous les ponts indéformables quelle que soit la valeur de tg α, entre $\frac{b}{a}$ et $\frac{q}{2p+q}\frac{b}{a}$, à condition bien entendu d'y introduire les dimensions c et d, tirées de l'équation de la courbe décrite par le tirant.

$$S' = p\frac{a^2}{2(b+c)}\left(1-\frac{x}{a}\right)^2; \qquad S'' = \frac{(p+q)a^2}{2(b+c)}\left(1-\frac{x}{a}\right)^2$$

$$t' = \frac{pa}{b+c}\left(1-\frac{x}{a}\right) \qquad ; \qquad t'' = \frac{(p+q)}{b+c}\left(1-\frac{x}{a}\right).$$

On remarquera que si l'on pose $x = 0$ (articulation O), les efforts S′ et Q′, S″ et Q″, sont respectivement égaux dans le pont Gisclard, où le tirant forme le prolongement du câble principal.

Au contraire, dans le pont modifié, où l'on a pris tg α égal à $\frac{q}{2p+q}\frac{b}{a}$. Q′ est nul tandis que S′ est égal à

$$\frac{p(2p+q)}{p+q}\frac{a^2}{4b}.$$

Le rapport des limites supérieures des tensions horizontales est

$$\frac{Q''}{S''} = \frac{q}{p+q}.$$

Il faut donc attribuer en O au tirant une section transversale plus grande que celle du câble principal ; le rapport entre les résistances à attribuer à ces deux éléments du pont est $\frac{q}{p+q}$.

Pont suspendu indéformable en forme d'arc renversé. — Dans le pont Gisclard. la ligne brisée, décrite par le tirant à partir de l'articulation centrale, se termine par un côté horizontal BD, soutenu par plusieurs haubans, dont le nombre est d'autant moindre que la surcharge est plus

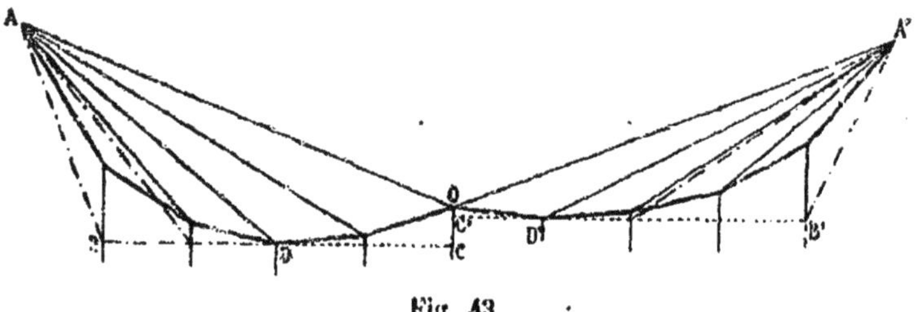

Fig. 43.

grande comparativement à la charge.

Rien n'empêche de modifier cette disposition en poursuivant jusqu'au bout l'épure représentée par la fig. 38, qui fournit le tracé du tirant, au lieu de s'arrêter dès que l'on trouve pour un élément de ce tirant (le côté 11 dans la figure 38) une direction ascendante du côté de l'appui A.

De cette façon, la ligne brisée reliera l'articulation centrale O à l'appui A, et la forme prendra la forme d'un arc renversé.

Cette modification n'apporte aucun changement dans les méthodes de calcul graphique ou numérique, non plus que dans l'étude analytique, où il n'y a qu'à prolonger la courbe décrite par le tirant au delà de son sommet C jusqu'à l'appui A.

Le même dispositif est applicable aux types dérivés du système Gisclard, par diminution de l'inclinaison initiale tg α du tirant sans dépasser la limite à partir de laquelle le câble principal serait sujet à se relâcher, dans le cas de surcharge le plus défavorable.

La figure 43 fournit le tracé exact d'un pont de ce genre, en supposant égales la charge p et la surcharge q.

On a représenté du côté gauche le type correspondant au système Gisclard : pour un hauban quelconque, la tension horizontale varie entre zéro et une limite supérieure qui dépend de la surcharge.

La tension horizontale du câble principal varie entre $\frac{pa^2}{4b}$ et $\frac{(p+q)a^2}{4b}$.

La moitié de droite de la figure se rapporte au cas où l'inclinaison initiale du tirant est réduite à sa limite inférieure $\frac{b}{a} \cdot \frac{q}{2p+q}$. La tension horizontale tombe à zéro non seulement dans tous les haubans, mais encore dans le câble principal OA', quand la surcharge est disposée de la façon la plus défavorable. Il n'y a plus dans la ferme que le tirant qui en toutes circonstances subisse une tension supérieure à zéro.

On peut intercaler entre ces deux types extrêmes une série de solutions intermédiaires, dans lesquelles l'angle initial d'inclinaison du tirant serait compris entre les valeurs limites ainsi définies. De cette façon, on relèvera au-dessus de zéro, comme on le jugera à propos, la limite inférieure de la tension horizontale du câble.

Si on voulait en faire autant pour les haubans eux-mêmes, il suffirait de faire intervenir, dans l'épure relative au tracé du tirant, une surcharge d'épreuve un peu supérieure à la surcharge réelle, sauf bien entendu à revenir à celle-ci dans le calcul numérique ou graphique des forces intérieures du système triangulé ainsi que de la déformation élastique.

Suspension Ordish. — Le pont Gisclard, comme les autres types basés sur le même principe, n'est géométriquement indéformable que si ses câbles et haubans sont rectilignes.

Or un câble tendu non vertical décrit, sous l'influence de son poids propre, une chaînette dont la flèche, mesurée perpendiculairement à sa corde, est proportionnelle à la composante de son poids suivant la même direction, et inversement proportionnelle à l'effort de traction simple qu'il supporte. Si cet effort vient à varier, la flèche se modifie, et il en résulte un changement dans la longueur de sa corde : le point d'attache sur le tablier éprouve de ce chef un déplacement.

Désignons par : l la longueur du câble ; θ l'angle de sa corde avec l'horizontale ; R le travail d'extension simple dû à la charge permanente ; R + S le travail correspondant à la charge permanente et à la surcharge la plus défavorable.

Si le câble était rigoureusement rectiligne, la distance entre ses deux extrémités ne varierait que de la quantité $\delta l = l\frac{S}{E}$, quand le travail passe de R à R + S. Mais la courbe décrite par lui, sous l'influence de son propre poids, s'aplatit quand l'effort de traction simple augmente. Par suite, la corde éprouve un allongement géométrique $\delta' l$. Sans entrer dans le détail d'un calcul élémentaire, nous énoncerons immédiatement l'expression de cet allongement :

$$\delta' l = 0.000.002.6\, l^3 \cos^2 \theta \frac{S(2R + S)}{R^2(R + S)^2}.$$

Les fatigues R et S sont exprimées ici en kilogrammes par millimètre carré de section.

Pour peu que l'angle θ soit petit, et la longueur l grande, il arrivera que l'allongement géométrique $\delta' l$ soit très supérieur à l'allongement élastique δl.

Pour remédier à cette circonstance, qui eût fait disparaître l'avantage essentiel du système Gisclard sur les ponts suspendus ordinaires, les constructeurs du pont de la Cassagne ont eu recours (fig. 29) à un dispositif imaginé et appliqué en 1869 par l'ingénieur *Ordish* au pont *François-Joseph*, à suspension rigide, qui franchit la *Moldau* à *Prague*.

C'est un câble parabolique auxiliaire, amarré sur les pylones de rive, que des tiges verticales relient de distance en distance aux câbles principaux, ainsi qu'à ceux des haubans dont la direction s'écarte notablement de la verticale. En soulageant ces éléments de leur propre poids, le câble Ordish les redresse et les ramène en ligne droite. Il est vrai qu'entre deux tiges du soutien consécutives, l'élément flexible décrit encore une chaînette. Mais comme la longueur l de cette portion libre est petite, on parvient à réduire le déplacement géométrique $\delta' l$ dans la mesure que l'on veut.

Prenant pour exemple les câbles principaux du pont de la Cassagne, on constate que, pour un allongement élastique de 0 m. 03, l'allongement géométrique serait de 0 m. 25 s'ils étaient libres. Grâce aux tiges de suspension Ordish, qui divisent chaque câble en cinq parties égales, ce déplacement est réduit à 0 m. 01. L'efficacité du dispositif est ainsi nettement mise en relief.

Comme le câble Ordish n'a en somme à porter qu'une faible charge, la dépense supplémentaire qu'il entraîne est insignifiante. Alors qu'au pont de la Cassagne le poids de la partie métallique atteint 2.460 kilogs par mètre courant (dont 1.693 kilogs pour la charpente rivée du tablier), les quatre câbles auxiliaires de la suspension Ordish ne péseraient ensemble, au dire du constructeur, que 50 kilogs par mètre.

L'examen de ce dispositif ne nous suggère que la remarque suivante. Au lieu de relier le câble porteur aux câbles principaux et aux haubans par des tiges de suspension verticales, on pourrait tout aussi bien orienter ces barres dans des directions normales aux éléments à soutenir.

Pour redresser la chaînette, l'effort utile à exercer a une direction perpendiculaire à sa corde. Il n'est donc pas nécessaire que le câble Ordish porte tout le poids du hauban : il suffit de lui transmettre la composante de ce poids, suivant la direction inclinée sur la verticale de l'angle θ précédemment défini.

Avantages et inconvénients du système Gisclard. — Dans les ponts suspendus ordinaires, à câbles paraboliques, les éléments verticaux, tiges ou câbles, qui soutiennent le tablier, sont toujours très rapprochés. Leur écartement mutuel, réduit parfois à 1 m. 20, ne dépasse guère 1 m. 60 que pour les ouvrages de portée exceptionnelle, ou à tablier très large : dans ce dernier cas, il convient de ne pas multiplier les pièces de pont, qui, vu leur longueur, sont des pièces lourdes.

A titre d'exemples, nous citerons les ponts américains suivants :

Chutes du Niagara : ouverture 250 mètres. Tablier de 5 mètres seulement, mais à deux étages, portant route et voie ferrée. Ecartement des tiges de suspension : 1 m. 52.

Cincinnati, sur l'Ohio : Ouverture 322 mètres ; écartement 1 m. 80.

Brooklin-New-York, sur la rivière de l'Est : Ouverture 486 mètres. Largeur du tablier, portant deux voies ferrées, deux routes, et une passerelle pour piétons : 25 mètres. Ecartement des tiges de suspension : 4 m. 70, soit $\frac{1}{100}$ de l'ouverture.

Grâce à ce rapprochement des points d'appui, l'ossature du tablier, constituant une poutre continue dont les travées successives sont très courtes, est relativement fort légère, nonobstant l'obligation où l'on se trouve de la raidir par des poutres de rigidité formant garde-corps, en vue d'atténuer les mouvements oscillatoires qu'éprouve le pont sous le passage des charges mobiles et sous l'action du vent.

Dans le type Gisclard, on est conduit à augmenter considérablement l'espacement des appuis du tablier. Il serait en effet pratiquement impossible d'amarrer au sommet d'un pylone un très grand nombre de haubans.

Au pont de la Cassagne, on a adopté un espacement de 7 m. 80, soit le vingtième de l'ouverture, qui est de 156 mètres. Malgré la suppression des poutres de rigidité, devenues inutiles, on est arrivé à un poids d'ossature considérable, qui est de 1.693 kilogs, pour une surcharge par mètre courant de 2.963 kilogs seulement.

Nous constaterons en outre que la suspension funiculaire est par elle-même peu économique : d'une part les câbles principaux et les haubans voisins sont très inclinés sur la verticale ; d'autre part les haubans, qui sont des organes indépendants et travaillent isolément, doivent être calculés chacun pour le plus lourd poids compris dans la surcharge mobile, lorsque celle-ci n'est pas répartie uniformément, ainsi qu'il en serait pour une passerelle de piétons. Dans un pont-route, l'essieu lourd de 12 t. 6 devrait être appliqué successivement à l'extrémité de chaque hauban. Pour un pont-rail, il faudrait lui faire porter la locomotive.

Or, dans les ponts suspendus du type usuel, la résistance des câbles paraboliques peut, avec une approximation suffisante, être basée sur la surcharge virtuelle *a* calculée pour une travée indépendante de même portée. Avec une ouverture exceptionnelle, comme celle des ponts américains cités plus haut, cette surcharge ne dépasserait guère 5 t. 5 par mètre courant pour la voie ferrée normale, alors que pour les haubans Gisclard, à l'espacement de 7 m. 80, il faudrait tabler sur une surcharge de 40 tonnes, correspondant à la locomotive d'épreuve réglementaire, et sur un essieu de 26 tonnes.

Le pont de la Cassagne se trouvait dans des conditions particulièrement favorables, parce que le convoi d'épreuve était composé d'automotrices à traction électrique, sur essieux également chargés.

Pour alléger la suspension funiculaire, on a été néanmoins conduit à attribuer aux pylones de rive la hauteur h de 30 mètres, égale à $\frac{1}{5,2}$ de l'ouverture de 156 mètres, afin d'obtenir pour les câbles principaux une flèche de 23 m. 40, soit $\frac{l}{6,5}$.

Or, dans les ponts à câbles paraboliques, le rapport $\frac{h}{l}$ est toujours notablement plus petit, même pour les portées exceptionnelles, ainsi que le montre le tableau suivant.

	Hauteur du pylone, égale à la flèche du câble	l	$\frac{h}{l}$
Chutes du Niagara.	20 m.	250	$\frac{1}{12,5}$
Cincinnati. . . .	27	320	$\frac{1}{12}$
Brooklin	39	480	$\frac{1}{12,5}$

En définitive, on doit reconnaître que le pont Gisclard sera sensiblement plus lourd, et par suite plus coûteux, que le type usuel à câbles paraboliques, dès que l'ouverture dépassera 50 mètres ; l'écart entre les poids croîtra ensuite rapidement avec la portée.

La solution adoptée au pont de la Cassagne était judicieuse et économique, parce qu'il s'agissait d'un chemin de fer à traction électrique, dont les automotrices n'étaient pas beaucoup plus lourdes que les voitures ou wagons de remorque. Le poids de la partie métallique, qui est de 3.960 kilogs par mètre courant, dépasse néanmoins de un tiers celui de la surcharge, 2.963 kilogs. C'est beaucoup pour un pont suspendu de cette dimension.

Le résultat aurait été sans nul doute beaucoup plus défavorable avec un chemin de fer exploité avec les locomotives du règlement.

Par ailleurs, le type Gisclard présente tous les avantages reconnus aux autres ponts suspendus : — grande facilité de montage sur câbles, sans échafaudages. Tel a été le motif déterminant de la solution adoptée à la Cassagne, pour la traversée d'une gorge profonde, où la construction d'un pont en charpente métallique eût été, de ce fait, sinon impraticable, tout au moins très dispendieuse ; — entretien aisé et économique, par suite de l'amovibilité des éléments ; — enfin possibilité de démonter l'ouvrage et de le transférer dans un autre emplacement, en peu de temps et moyennant une faible dépense, sans dommage pour les éléments du pont, dont le remploi peut être fait immédiatement.

C'est vraisemblablement cette dernière considération qui a motivé dans ces dernières années l'application du type Gisclard à des ponts-routes d'ouverture moyenne, ne dépassant pas 50 mètres, dont l'emplacement n'était pas considéré comme définitif. Du moment que l'on entendait se réserver la faculté de les transporter ailleurs, l'adoption d'une charpente rivée se trouvait forcément exclue. Dans ces conditions de portée, le système en question n'entraine pas une dépense sensiblement plus forte que celle du pont suspendu à câbles paraboliques. Il ne lui est inférieur à aucun point de vue, et a l'avantage d'être géométriquement indéformable, qualité précieuse au point de vue de la résistance aux surcharges mobiles, et de la tenue sous le vent.

On pourrait imaginer une ferme Gisclard dans laquelle le tablier, au lieu d'être placé immédiatement sous la suspension funiculaire, serait remonté au niveau des sommets des pylones. Il faudrait alors le soutenir à l'aide de montants verticaux, pièces comprimées, qui prendraient appui sur les nœuds d'assemblage des haubans avec le tirant. Le câble auxiliaire Ordish devrait en ce cas disparaître : on rectifierait sans difficulté les haubans et les câbles principaux en les suspendant aux montants, en leurs points de croisement avec ces pièces. Enfin les poutres longitudinales de tablier seraient utilisables comme étais entre les sommets des pylones : les tractions horizontales exercées sur leurs amarrages par les éléments de la suspension s'équilibreraient mutuellement, en comprimant longitudinalement l'ossature du tablier. Cela permettrait de supprimer les câbles extérieurs d'ancrage des pylones, puisque ceux-ci ne seraient plus soumis qu'à des réactions verticales.

En définitive, on réaliserait une ferme de pont analogue à la poutre américaine *Bollmann*, qui comporte également un tablier accolé à la membrure supérieure comprimée. La seule différence entre les deux types résulterait de la substitution aux triangulations de la poutre Bollmann du réseau funiculaire Gisclard, à coup sûr plus avantageux et plus économique.

Supposons à présent que nous fassions pivoter cette ferme de 180° autour de l'axe longitudinal du tablier, de manière à ramener celui-ci au bas de l'ouvrage. Les efforts supportés par les divers éléments changeront tous de signe : les haubans et les câbles tendus deviendront des pièces obliques comprimées ; les montants verticaux seront remplacés par des tiges de suspension tendues. Il est curieux de constater que l'on retrouve ainsi presqu'identiquement le type des célèbres ponts couverts en bois, à contrefiches en éventail, construits au milieu du XVIIIe siècle en Suisse par les frères charpentiers *Grubenmann*, avec des portées exceptionnelles pour l'époque : *Schaffouse*, deux travées de 51 mètres et 59 mètres ; *Wettingen*, une seule travée de 118 m. 90.

En raison de la faible inclinaison des contrefiches sur l'horizontale, les constructeurs ont dû multiplier à l'excès ces pièces, en les mettant presque jointives sur toute l'élévation du pont. L'énorme cube de bois qu'il a fallu employer dans ces ouvrages, au prix d'une dépense sans doute élevée, donne l'explication du fait que le mode de construction imaginé par ces ouvriers de génie est rapidement tombé en désuétude.

RÈGLEMENT

DU

MINISTÈRE DES TRAVAUX PUBLICS

POUR LE

CALCUL ET LES ÉPREUVES DES PONTS MÉTALLIQUES

(8 Janvier 1915)

Commentaires explicatifs et instructions facultatives

RÈGLEMENT

CHAPITRE PREMIER

PONTS-RAILS SUPPORTANT DES VOIES FERRÉES DE LARGEUR NORMALE

§ 1er. — Bases des calculs de stabilité.

ARTICLE PREMIER

Charge permanente. — On introduira dans les calculs la charge permanente effective, et il en sera justifié.

ARTICLE 2

Surcharges. Train-type. Surcharges virtuelles. — La surcharge introduite dans les calculs sera constituée par un train-type, composé de deux machines avec tenders, placées en tête, et suivies de wagons chargés.

Les dimensions et les poids des machines des tenders et des wagons sont indiqués sur le tableau et la figure ci-après *.

DÉSIGNATION	Machine	Tender	Wagon chargé
Longueur totale	10 mètres	10 mètres	8 mètres
Nombre d'essieux	5	3	2
Écartement de deux essieux consécutifs.	1 m. 50	3 mètres	4 mètres
Distance d'un tampon à l'essieu voisin	2 mètres	2 mètres	2 mètres
Charge par essieu	20 tonnes	20 tonnes	20 tonnes
Poids total	100 tonnes	60 tonnes	40 tonnes
Poids moyen par mètre de longueur	10 tonnes	6 tonnes	5 tonnes

COMMENTAIRES EXPLICATIFS

INSTRUCTIONS FACULTATIVES

Article premier

Pour les ouvrages courants, on pourra évaluer la charge permanente soit d'après l'exemple de ponts existants, soit à l'aide de tableaux numériques, de formules expérimentales ou d'abaques.

Ce mode de justification sera également admis dans les avant-projets et les projets sommaires, qui ne comportent pas d'avant-métré détaillé.

Suivant l'usage, la charge permanente sera supposée à répartition uniforme, à moins qu'il n'en puisse résulter d'erreur sensible *par défaut* sur les efforts à calculer.

Article 2

* La locomotive, le tender et le wagon chargé, dont on a formé le train-type, diffèrent sensiblement des véhicules actuellement en service sur les chemins de fer français. On s'est proposé de distribuer la surcharge d'une façon simple et régulière, en vue de faciliter le calcul numérique des ponts. Les seules conditions que l'on se soit imposées, dans la détermination du train-type, sont, d'une part, la limitation à 20 tonnes de la charge portée par un essieu, et, d'autre part, une répartition des poids telle que ce train donnât lieu, en toute circonstance et dans tous les éléments d'un pont, à des efforts un peu supérieurs à ceux que produisent les trains les plus lourds circulant, dans l'état présent, sur le réseau français.

** A cet effet, la longueur du train-type pourra être modifiée, le cas échéant, par la suppression soit d'une locomotive avec son tender, soit d'un nombre quelconque de wagons.

Pour le calcul d'une poutre, les positions successives du train seront déterminées par la condition de réaliser, dans chaque section envisagée, soit le plus grand effort tranchant, soit le plus fort moment de flexion.

*** Il conviendra d'envisager, comme avec la machine-type, l'hypothèse où l'un des essieux serait surchargé, le premier et le cinquième essieux étant allégés en conséquence.

**** L'emploi des surcharges virtuelles rend les calculs plus simples et plus clairs; par suite il en facilite et en abrège la vérifi-

On attribuera au train, sur le pont, différentes positions successives, que l'on aura choisies de manière à réaliser les efforts maxima dans les divers éléments des fermes maîtresses **.

Pour le calcul des pièces du tablier qui portent le train (longerons sous rails, pièces de pont, entretoises ou poutrelles) ainsi que pour le calcul des poutres principales dans les ponts dont la portée ne dépasse pas 16 mètres, on envisagera le cas où l'essieu central de la première machine, placé à 5 mètres de chaque tampon, porterait 26 tonnes, la charge du premier essieu et celle du cinquième essieu étant réduites à 17 tonnes.

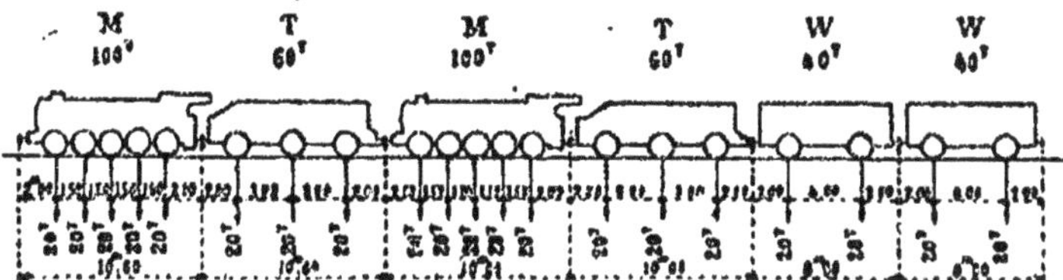

Pour les ponts à double voie, on envisagera l'hypothèse de deux trains marchant côte à côte dans le même sens.

Il y aura lieu de substituer aux éléments constitutifs du train-type les machines et wagons en service sur le réseau auquel appartiendra l'ouvrage à construire, dans le cas où il résulterait de cette substitution une aggravation des efforts supportés par les différentes parties de l'ouvrage ***.

Les Ingénieurs sont autorisés à remplacer le train-type par une surcharge *virtuelle*, à répartition continue, si cette surcharge virtuelle développe, dans le cas traité par le calcul, des efforts supérieurs ou au moins égaux que produirait le train-type lui-même ****.

Article 3.

Pression du vent. — On admettra que la pression du vent sur un mètre carré de surface verticale puisse s'élever à 250 kilogs, mais que le passage des trains est interrompu dès qu'elle atteint 150 kilogrammes.

Soient :

A la surface brute totale d'une poutre, vides compris ;

B sa surface nette, déduction faite des vides ;

p la pression du vent, orienté normalement à cette poutre.

cation. Quand les Ingénieurs feront usage d'une surcharge virtuelle qui ne soit pas consacrée par une pratique courante, ils devront la justifier par des références valables.

Article 3

Les pressions maxima inscrites dans le Règlement ont été largement évaluées ; elles assureront toute sécurité dans les circonstances ordinaires.

Il appartiendra néanmoins aux Ingénieurs de proposer des pressions plus fortes, soit sur une poutre directement frappée par le vent, soit sur un objet, train ou poutre, abrité par elle, toutes les fois que des circonstances exceptionnelles leur paraîtront motiver un surcroît de prudence.

On admettra :

1° que la poussée totale exercée par le vent sur la poutre a pour valeur $p\ B$;

2° que la pression moyenne p' du vent, en arrière de l'abri constitué par cette poutre, a la valeur réduite :

$$p' = p\left(1 - \frac{B}{A}\right).$$

Ce sera la pression exercée sur tout objet *masqué* par la poutre.

Dans le cas où un pont comporterait une série de poutres rencontrées successivement par le vent, les pressions exercées sur les surfaces nettes de ces poutres B, B', B'', etc., iraient en décroissant comme il suit :

$$p,\ p' = p\left(1 - \frac{B}{A}\right),\ p'' = p'\left(1 - \frac{B'}{A'}\right) = p\left(1 - \frac{B}{A}\right)\left(1 - \frac{B'}{A'}\right), \text{ etc.}$$

On assimilera un train placé sur le pont à un écran rectangulaire plein de 3 mètres de hauteur, dont le côté inférieur serait situé à 0 m. 50 au-dessus du rail.

Pour la vérification de l'équilibre statique du tablier et des piles métalliques sous la poussée du vent, on envisagera l'hypothèse d'un train formé de wagons vides, dont le poids par mètre courant de voie serait réduit à 1.250 kilogs.

Article 4

Effets de la température. Influences diverses. — Toutes les fois que l'ossature d'un ouvrage métallique ne pourra se contracter ou se dilater librement, il sera tenu compte de l'influence des changements de température sur ses conditions de stabilité *.

Quand les efforts supportés par les éléments d'un pont métallique en service pourront être aggravés par une cause différente de celles énoncées précédemment, il appartiendra aux Ingénieurs de discerner cette cause, d'en apprécier le rôle et l'importance, et de la faire intervenir dans les calculs de stabilité. Si cette cause se rattache à la surcharge d'épreuve, ses effets seront ajoutés à ceux dus au poids de ladite surcharge. Il en sera de même pour le vent **.

Ils pourront, au contraire, pour les ponts convenablement abrités, admettre une réduction de l'intensité du vent, plus ou moins importante suivant les cas.

Dans l'une ou l'autre hypothèse, ils auront à justifier cette dérogation aux règles habituelles.

Lorsque, dans une poutre, le rapport du vide au plein, ou bien la pression du vent, plus ou moins réduite par des obstacles situés en avant, variera notablement d'une région à une autre, il sera loisible aux Ingénieurs, afin d'obtenir des résultats plus exacts, d'effectuer un calcul séparé *pour chaque région*, soit en ce qui touche la poussée subie par la poutre elle-même, soit pour la poussée du vent sur un objet masqué par elle.

L'action du vent sur une ossature métallique produit fréquemment un effort de torsion, dont la Résistance des Matériaux assimile l'effet à celui d'une surcharge virtuelle qui vient s'ajouter à la surcharge réelle : surcharge équivalente au vent. Il en devra être tenu compte dans les calculs.

Il arrive presque toujours que le vent produit ses effets maxima quand sa direction est horizontale et perpendiculaire à l'axe du chemin de fer. Exceptionnellement, les Ingénieurs pourront être conduits à calculer, soit au point de vue de l'équilibre statique, soit au point de vue de l'équilibre élastique, les effets d'un vent orienté obliquement soit par rapport à l'horizontale, soit par rapport à l'axe du chemin de fer. Il leur appartiendra, en pareille circonstance, de déterminer la direction dangereuse à envisager, et d'évaluer les effets du vent soufflant dans cette direction.

Article 4

* Il conviendra de justifier la valeur admise dans les calculs pour l'écart maximum de température par rapport à la moyenne.

En général, sous le climat de la France, on peut tabler sur un écart de ± 27° qui, pour l'acier et la fonte employés dans la construction des ponts, correspond sensiblement à une dilatation ou à une contraction linéaire de ± 0,0003, soit trois dixièmes de millimètres par mètre.

** La prescription du Règlement relative aux influences diverses vise principalement les ouvrages exécutés dans des conditions exceptionnelles : ponts courbes, défaut d'invariabilité dans la direction horizontale ou la direction verticale d'appuis sur piles ou culées que le calcul théorique suppose absolument fixes, etc.

ARTICLE 5

Montage des ponts. Lancement. Manœuvre des ponts mobiles. — Toutes les fois que les opérations de montage et de mise en place d'un pont, prescrites ou prévues dans le projet, seront susceptibles de déterminer dans certains éléments des efforts supérieurs à ceux qu'ils auraient à supporter dans l'ouvrage en service, on en tiendra compte dans les calculs de résistance de ces pièces.

Il en sera ainsi notamment quand la mise en place devra s'opérer par lancement. *

Cette prescription vise, d'une manière générale, toutes les circonstances anormales ou temporaires, qui seraient de nature à modifier dans un sens défavorable les conditions de stabilité du pont, en dehors du service normal.

Elle s'applique en particulier à la manœuvre des ponts mobiles, pendant laquelle le passage des trains est suspendu.

§ 2. — Conduite des Calculs

ARTICLE 6

Équilibre statique. Équilibre élastique. — Il sera justifié de la stabilité du pont, au point de vue de l'équilibre statique, toutes les fois que les causes extérieures agissant sur lui paraîtront susceptibles de provoquer un déplacement anormal de l'ensemble ou d'une partie de l'ouvrage, par translation ou rotation. *

En ce qui touche l'équilibre élastique, on calculera les efforts subis par les divers éléments de l'ossature métallique, et l'on s'assurera que le travail élastique correspondant, pour chacun, à l'effort maximum qu'il aurait à supporter, ne dépasse pas la limite de sécurité dont il sera parlé dans les articles 11 et suivants. *

Les calculs seront effectués conformément aux principes et par les procédés de la Résistance des Matériaux. **

ARTICLE 7

Section brute et section nette. — Le calcul du travail élastique, ou de la fatigue, du métal sera basé sur la section nette de chaque pièce, obtenue en retranchant de la section brute les vides tels que trous de rivets et de boulons.

Dans le calcul d'un pont biais, ou d'un pont portant une voie en courbe, on tiendra compte de la dissymétrie des surcharges, etc.

ARTICLE 5

* Il sera toutefois loisible aux Ingénieurs de confier cette tâche à l'entrepreneur par une clause du cahier des charges, laissant toute latitude à celui-ci pour le choix du procédé de montage, ou bien le chargeant des études en vue d'un procédé déterminé. C'est alors à l'entrepreneur qu'il incombera de formuler, avec calculs de stabilité à l'appui s'il est nécessaire, ses propositions pour le montage et la mise en place, et de les soumettre à l'acceptation des Ingénieurs.

ARTICLE 6

* Les causes extérieures visées dans cet article sont celles énumérées dans les articles 1, 2. 3 et 4, et, mais seulement en ce qui touche la manœuvre des ponts mobiles, dans l'article 5.

Les Ingénieurs indiqueront le coefficient de sécurité qu'ils auront jugé convenable d'admettre. Pour les ponts fixes, ce coefficient devra, autant que possible, n'être pas *inférieur* à 1,5, mais des circonstances particulières pourront justifier, le cas échéant, un relèvement notable de ce minimum.

** Aucune méthode particulière, numérique ou graphique, n'est prescrite ou recommandée. Les Ingénieurs ont toute latitude pour procéder comme ils le jugeront convenable. Si toutefois la marche suivie comportait une innovation sur les errements consacrés par la pratique, ils auraient à justifier que leur méthode offre toute garantie au point de vue de l'exactitude et de la précision des résultats.

ARTICLE 7

Dans les projets sommaires, il sera loisible aux Ingénieurs de baser le calcul du travail élastique sur la section brute, sans

ARTICLE 8

Travail élastique ou fatigue du métal. — On calculera séparément, pour chaque pièce ou section de l'ossature métallique, les efforts *principaux* dus à chacune des causes énumérées dans les articles 1, 2, 3, et, le cas échéant, dans l'article 4, et l'on en déduira les valeurs correspondantes du travail élastique, ou fatigue du métal, en kilogrammes par millimètre carré, sauf à totaliser ensuite les résultats partiels, ainsi qu'il sera dit à l'article 11.

S'il y a lieu d'appliquer les prescriptions de l'article 5, les calculs correspondants seront faits à part.

Le calcul des efforts *secondaires* n'est pas demandé. Il a été tenu compte, pour la fixation des limites de sécurité inscrites dans le Règlement, de la fatigue supplémentaire que les divers éléments des ponts métalliques peuvent éprouver de ce chef. Il est toutefois fait exception pour les barres de treillis ou de triangulation des poutres principales ou fermes maîtresses. En raison de l'aggravation du travail qui résulte pour ces pièces de la rigidité et de l'excentricité de leurs attaches sur les membrures, on frappera les efforts principaux d'une majoration, qui, dans les conditions ordinaires de la pratique, sera de un dixième en sus. Il appartiendra d'ailleurs aux Ingénieurs, dans les cas exceptionnels où ils jugeraient que les efforts secondaires doivent atteindre une importance anormale dans d'autres éléments du pont, d'en faire état par une majoration convenable des efforts principaux, ou ce qui revient au même, des sections correspondant à ces efforts, arrêtée d'après les règles de l'art et les enseignements de la pratique *.

déduction des vides, à la condition de multiplier le résultat obtenu par un coefficient de majoration convenable.

Pour les pièces composées de tôles et de profilés assemblés par rivets, on pourra, dans les circonstances ordinaires, admettre *a priori* que la section nette représente en moyenne les 833 millièmes de la section brute, et adopter en conséquence le coefficient de majoration 1, 2.

Article 8

En outre des efforts *principaux*, calculables par les méthodes classiques de la Résistance des Matériaux, certains éléments des ponts sont soumis à des efforts dits *secondaires*, qui sont dus à différentes causes, parmi lesquelles on peut citer les suivantes :

Flexion d'une pièce sous l'influence de son poids propre, ou de la pression directe du vent, alors que le calcul théorique suppose expressément que cette pièce est simplement comprimée ou tendue;

Moments de flexion, dits couples d'encastrement, dus à la rigidité des assemblages à rivets ou boulons, à l'excentricité des attaches. etc., alors que le calcul théorique suppose les pièces articulées à leurs deux extrémités;

Actions dynamiques résultant, soit d'un choc, soit d'une variation très rapide; presque instantanée, du travail élastique sous le passage en vitesse d'une surcharge mobile. Ces actions se manifesten dans certains éléments des ponts, soit par des mouvements périot diques oscillatoires ou vibratoires, soit par des déplacements désordonnés avec secousses (fouettement des barres; ferraillement des ponts).

On doit aussi considérer comme la conséquence d'un effort secondaire le voilement qui se manifeste parfois dans les pièces fléchies, lorsque celles-ci ont une rigidité latérale insuffisante, dans la direction perpendiculaire au plan de flexion. Cette déformation, que l'on peut prévenir en maintenant la pièce par des renforts latéraux (nervures, goussets, entretoises, cornières de bordure), aggrave la fatigue et affaiblit la résistance.

On ne s'astreint presque jamais au calcul des efforts secondaires. Il est admis conventionnellement qu'ils n'entraînent qu'un accroissement modéré du travail élastique, en vue duquel on dispose d'une marge de sécurité largement suffisante, par l'écart ménagé intentionnellement entre la limite pratique de fatigue et la limite d'élasticité du métal. Il n'est fait d'exception, dans le Règlement, que

ARTICLE 9

Pièces comprimées. — Pour toute pièce soumise à un effort normal de compression, le travail élastique, obtenu en divisant cet effort par la section nette, sera multiplié par un coefficient de majoration de la forme $1 + MN\frac{l^2}{r^2}$, afin de tenir compte de la tendance au flambement.

La lettre M désigne un facteur numérique qui dépend du mode de fixation de la pièce sur des éléments voisins *.

La lettre N désigne un facteur numérique qui dépend de l'élasticité du métal **.

La lettre r désigne soit le rayon de giration minimum de la section transversale, soit son rayon de giration dans le plan où la pièce est susceptible de s'infléchir sur la longueur l.

pour les barres de treillis ou de triangulation des poutres principales ou fermes maîtresses. La majoration indiquée d'un dixième, qui doit compenser l'excès de fatigue dû à la rigidité et à l'excentricité des assemblages, n'est pas fixée impérativement. Quand des mesures spéciales auront été adoptées par l'auteur d'un projet en vue d'atténuer ou même de faire disparaître ces efforts secondaires, il aura la faculté d'abaisser ou même de supprimer la majoration des efforts principaux. Par contre, il conviendra de la relever au-dessus de 10 0/0, si, eu égard aux dispositions du treillis, ce chiffre apparaissait comme insuffisant.

Pour les autres éléments de l'ossature métallique : longerons, entretoises, barres de contreventement, membrures, etc., la majoration des efforts principaux, pour compenser les efforts secondaires, sera une mesure d'un caractère exceptionnel. Il appartiendra aux ingénieurs ou aux Constructeurs, lorsqu'ils apprécieront que, dans une pièce de cette catégorie, la fatigue secondaire dépasse les conditions normales, soit de calculer le travail supplémentaire correspondant pour l'ajouter à celui dû aux efforts principaux, soit tout simplement de tenir compte des circonstances défavorables envisagées, en majorant dans une proportion convenable les valeurs fournies par le calcul des efforts principaux, ou, ce qui revient au même, les sections déterminées d'après ces efforts non majorés.

On pourra arrêter le taux de cette majoration d'après les errements consacrés par la pratique, sans s'astreindre à un calcul théorique, dont les indications seraient, dans l'espèce, souvent sujettes à caution.

Article 9

* *A titre d'exemple, voici les valeurs du facteur numérique M* dans quatre cas théoriques :

1, pour une pièce articulée à ses deux extrémités ;

$\frac{1}{2}$, pour une pièce articulée à une extrémité et encastrée à l'autre ;

$\frac{1}{4}$, pour une pièce encastrée à ses deux extrémites ;

4, pour une pièce encastrée à une extrémité et libre à l'autre (mât).

Il appartiendra aux Ingénieurs d'apprécier dans quelle mesure un assemblage rigide, maintenant fixe une section de la pièce comprimée, réalise l'encastrement. Presque toujours, il ne faut tabler en pratique que sur un encastrement *imparfait*.

** A titre d'exemple, on peut indiquer la valeur 0,0001 pour le

ARTICLE 10

Assemblages. — On calculera les efforts maxima auxquels seront soumis les assemblages mutuels des éléments du pont.

On en déduira, pour les rivets ou boulons, le travail élastique au cisaillement ou à l'extension (arrachement des têtes) *.

§ 3. — Justification de la stabilité

ARTICLE 11

Limites de sécurité. — On calculera séparément, ainsi qu'il a été dit à l'article 8, les valeurs du travail élastique correspondant, pour chaque élément ou section du pont, aux causes énumérées dans les articles 1, 2, 3 et 4, en se plaçant, pour les influences variables (art. 2, 3 et 4), dans les conditions les plus défavorables, conformément aux règles établies par la Résistance des Matériaux, et frappant, s'il y a lieu, les résultats bruts de ce calcul des majorations nécessaires (Pièces comprimées. Efforts secondaires).

Les lettres suivantes désignent, pour un même élément du pont et un même genre de travail, les résultats ainsi obtenus :

Charge permanente (Art. 1)		*c*
Surcharge (Art. 2)		*d*
Pression du vent (Art. 3) . . .	à 150 kil. . . .	*v*
	à 250 kil. . . .	*w*
Température et causes diverses (Art. 4), à l'exception de celles qui se rattachent à la surcharge ou au vent, et dont les effets doivent être ajoutés à *d*, *v* ou *w*.		*t*

Le pont sera considéré comme stable au point de vue de l'équilibre

coefficient numérique N applicable à l'acier laminé ou moulé que l'on emploie couramment dans la construction des ponts.

ARTICLE 10

* Les efforts secondaires, dont le calcul n'est pas demandé, aggravent parfois dans une notable proportion la fatigue des rivets ou boulons, principalement dans les assemblages rigides situés à la jonction de deux éléments distincts de l'ossature (couples d'encastrement).

Il est utile d'appeler sur ce point l'attention des Ingénieurs, parce que les assemblages de cette catégorie, et en particulier les attaches des longerons sur les pièces de pont ou entretoises, et les attaches de celles-ci sur les fermes maîtresses, ont été assez souvent reconnus des parties faibles de la construction, ainsi que l'a démontré une plus grande fréquence dans la rupture ou le relâchement des rivets.

Le renforcement éventuel d'un assemblage est un problème d'ordre pratique, qui relève de la technique des constructions.

Il convient donc de se baser ici sur les enseignements de l'expérience et de suivre les errements des praticiens, plutôt que de recourir à des hypothèses contestables et difficiles à justifier.

ARTICLE 11

* La règle de sécurité (1) est applicable toutes les fois que le rapport $\frac{d}{c+t}$ est plus grand que le rapport $\frac{S_1 - 0,4\,R_1}{R_1 - S_1}$.

S'il en est autrement, on doit recourir à la règle (2).

La valeur totale du travail admissible, à laquelle conduit la règle (1), s'exprime par la relation :

$$c + t + d = \frac{S_1\left(1 + \frac{d}{c+t}\right)}{0,4 + \frac{d}{c+t}}.$$

Pour appliquer la règle (1), le procédé le plus simple et le plus commode consistera à n'introduire, dans les calculs de stabilité relatifs à la charge permanente, que les quatre dixièmes de cette charge, et à réduire dans le même rapport les efforts dus aux causes visées par l'article (4), qui interviennent dans le calcul du travail t, en ne considérant par exemple que les quatre dixièmes de l'écart maximum admis pour la température. Si l'on ajoute à ces efforts principaux *réduits* l'effort principal *effectif* dû à la surcharge, le

élastique, ou de la fatigue du métal, si ces valeurs du travail satisfont aux conditions qu'expriment les inégalités suivantes :

(1) $0{,}4\,(c + t) + d \leqq S_1$ (2) $c + t + d \leqq R_1$.

(3) $0{,}4\,(c + t) + d + v \leqq S_2$ (4) $c + t + d + v \leqq R_2$

(5) $0{,}4\,(c + t) + w \leqq S_3$ (6) $c + t + w \leqq R_3$

Les lettres S_1, R_1, S_2, R_2, S_3 et R_3, désignent des limites de sécurité qui dépendent : 1° de la nature et de la qualité du métal employé ; 2° du genre de travail envisagé : extension, compression, glissement ou cisaillement.

Ces limites seront considérées comme des maxima. Les Ingénieurs auront toute latitude pour se tenir au-dessous pour certaines parties ou pièces de l'ossature métallique, lorsqu'ils le jugeront convenable, soit en raison de circonstances spéciales à l'ouvrage projeté, soit pour des motifs d'ordre pratique, relevant de la technique des constructions métalliques. Ils ne seront astreints en pareil cas à fournir de justification que s'il en devait résulter une augmentation sensible dans le poids de la charpente métallique, et par suite dans la dépense d'exécution du pont, sans que cette augmentation apparût *a priori* comme inévitable.

Il leur sera également loisible de dépasser ces limites, lorsqu'ils apprécieront que cette mesure ne peut porter atteinte à la stabilité. Mais si le dépassement est de quelque importance, ils auront à le justifier au double point de vue de la sécurité et de la durée du pont (à moins, bien entendu, qu'il ne s'agisse d'une construction provisoire ou temporaire) **.

Aucune limite de sécurité n'est imposée explicitement pour les opérations de montage et mise en place des ponts (Art. 5). Il appartiendra aux Ingénieurs et aux Constructeurs de formuler à cet égard leurs propositions, en justifiant qu'elles ne peuvent ni rendre aléatoires ou dangereuses les opérations dont il s'agit, ni porter atteinte à la stabilité du pont en service, qui serait compromise si le métal avait dû, dans certains éléments essentiels, travailler au-delà de la limite d'élasticité. Une grande réserve est recommandée en ce qui touche l'aggravation de fatigue dans les assemblages à rivets ; il pourrait être opportun, le cas échéant, de renforcer ces assemblages, sans en faire autant pour les pièces elles-mêmes qu'ils réunissent ***.

travail correspondant, pour la pièce envisagée, au total ainsi obtenu devra être inférieur ou tout au plus égal à la limite de sécurité fixée S_1.

Les mêmes observations s'appliquent aux règles (3), (4), (5) et (6), qui ne diffèrent des règles (1) et (2) qu'en ce que les limites de sécurité ont été relevées.

** La stricte application d'une règle uniforme à tous les éléments d'une construction, sans exception aucune, ne serait pas à l'abri de toute critique. Il a été admis que les Ingénieurs pourraient, avec juste raison, se tenir au-dessous des limites de sécurité réglementaires pour certaines pièces essentielles, ou dont le calcul manquerait de précision. Pour d'autres éléments, au contraire, dont la résistance n'influe pas sur la stabilité de l'ossature proprement dite, il n'y aura nul inconvénient à dépasser ces limites. Il doit être bien entendu qu'aucune justification ne sera demandée, quelle que soit l'augmentation de poids qui en puisse résulter, lorsque la réduction du travail au-dessous de la limite réglementaire sera imposée par une sujétion d'ordre pratique, comme celles qui se rapportent aux épaisseurs et aux largeurs *minima* des plats et profilés employés couramment dans la construction métallique, à la nécessité de se ménager une place suffisante pour la pose des rivets ou boulons d'assemblage, à la convenance d'éviter l'emploi de pièces trop grêles et dépourvues de rigidité, etc.

Dans le cas où les Ingénieurs parviendraient, soit par des recherches théoriques plus approfondies, soit par des constatations expérimentales probantes, à fournir une évaluation plus approchée des efforts *réels* supportés par les éléments d'un pont, il ne leur serait pas interdit de proposer des limites de sécurité plus élevées que celles inscrites dans le Règlement, en justifiant que leurs propositions réservent une marge de stabilité convenable.

*** On peut citer des exemples où pour le montage de charpentes métalliques, à la vérité provisoires, des constructeurs expérimentés n'ont pas craint de relever à 18 kilogs le travail de l'acier laminé sans éprouver aucun mécompte. Il semblerait imprudent d'aller au delà, quelles que fussent les conditions de l'opération à faire. Il est arrivé quelquefois qu'à la suite d'une manœuvre de lancement d'un pont à travées solidaires, qui, d'ailleurs, avait parfaitement réussi, des déformations permanentes ont été constatées dans les poutres principales, preuve irrécusable que la limite d'élasticité du métal avait été dépassée. Ce n'est pas un exemple à suivre, toute déformation permanente d'un ouvrage métallique étant l'indice d'une détériora-

Article 12

Acier laminé ou moulé. — Les limites de sécurité seront les suivantes :

Extension ou compression :	$S_1 = 8$ k. 00	$R_1 = 12$ k.
	$S_2 = 8$ k. 50	$R_2 = 12$ k. 50.
	$S_3 = 9$ k. 00	$R_3 = 13$ k. 00.

Glissement ou cisaillement. — Les limites énoncées ci-dessus, pour l'extension ou la compression, seront réduites de un cinquième *.

Article 13

Rivets. — Les limites de sécurité seront les suivantes :

Cisaillement :	$S_1 = 6$ k.	$R_1 = 8$ k.
	$S_2 = 6$ k. 375	$R_2 = 8$ k. 50
	$S_3 = 6$ k. 75	$R_3 = 9$ k.

Extension (*Arrachement des têtes*). — Le calcul du travail à l'extension ne sera pas demandé s'il n'est pas fait état, par l'auteur du projet, de la résistance du rivet à ce genre d'effort pour justifier de la solidité de l'assemblage dont il fait partie. S'il en est autrement, le travail à l'extension ne dépassera pas le tiers de la limite admissible au cisaillement, calculée comme il vient d'être dit pour l'assemblage en question **.

Il ne sera demandé aucune justification pour les assemblages où la fatigue des rivets serait notablement inférieure aux maxima énoncés ci-dessus ***.

Par contre, ces limites ne pourront être dépassées qu'en cas de nécessité démontrée ****.

Article 14

Fonte. — On n'emploiera jamais la fonte pour la confection des

tion du métal, et diminuant la stabilité et les garanties de durée de la construction.

Article 12

* Pour le travail au glissement ou au cisaillement, chaque limite S ou R sera les *huit dixièmes de la limite correspondante* pour l'extension ou la compression.

On prendra par exemple :

$$S_1 = \frac{8}{10} \times 8 \text{ k.} = 6 \text{ k.} 40; \qquad R_2 = \frac{8}{10} \times 12{,}50 = 10 \text{ k.}$$

Article 13

* Les limites S_1, S_2 et S_3, pour le travail au cisaillement des rivets, sont les trois quarts des limites correspondantes pour l'acier laminé ou moulé travaillant à l'extension ou à la compression.

** En ce qui touche l'extension ou arrachement des têtes, la règle inscrite dans le Règlement peut être mise sous la forme suivante : le calcul du travail à l'extension ne sera demandé que si l'auteur du projet en fait état pour justifier de la stabilité de l'assemblage. On admettra en ce cas qu'au point de vue de la résistance *trois* rivets travaillant également à l'arrachement des têtes équivalent à *un seul* rivet travaillant au cisaillement.

*** Il arrive fréquemment que les règles pratiques relevant de la technique des constructions, qui se rapportent aux diamètres, aux écartements mutuels et au nombre de rangées des rivets constituant un assemblage, conduisent à abaisser très notablement la fatigue de ces pièces au-dessous du taux maximum autorisé. Il existe même, dans tous les ouvrages métalliques, une forte proportion de rivets qui ne transmettent aucun effort calculable : rivets de serrage des paquets de tôles, rivets de bordure, etc. Leur cas est assimilable à celui des pièces accessoires ou auxiliaires dont les praticiens reconnaissent l'utilité ou la nécessité, bien qu'il ne soit tenu aucun compte de leur présence dans les calculs de stabilité : fourrures, etc.

**** Ce cas pourra se présenter, par exemple, lorsque des circonstances locales obligeront à donner au tablier d'un petit pont une épaisseur très faible, eu égard à sa portée.

Article 14

* Les éléments de l'ossature métallique d'un pont-rail, suscep-

pièces susceptibles de travailler à l'extension, soit par traction directe, soit par flexion.

En ce qui touche le travail de compression, il ne sera fait usage que des règles de sécurité (2), (4) et (6) de l'article 11. Les limites applicables seront les suivantes :

$$R_1 = 6 \text{ k. } 5 \qquad R_2 = R_3 = 7 \text{ k.}$$

Article 15

Qualité des métaux visés par les articles 12, 13 et 14. — Les qualités des métaux visés par les articles 12, 13 et 14 sont celles définies et prescrites dans le Cahier des Charges général du Ministère des Travaux Publics, pour la construction des ponts (1).

Article 16

Autres métaux. — Toutes les fois que les Ingénieurs auront prévu l'emploi, dans la construction d'un pont, de métaux autres que ceux visés dans les articles 12, 13, 14 et 15, ils devront formuler, en ce qui touche les limites de sécurité à admettre, des propositions

(1) Le tableau suivant extrait du Cahier des Charges général du Ministère des Travaux Publics du 29 octobre 1913, indique les conditions minima de résistance et d'allongement auxquelles doivent satisfaire les aciers moulés et les aciers laminés.

L'allongement de rupture est mesuré sur une longueur entre repères déterminée par la formule : $L = \sqrt{66,67\ S}$, où la lettre S désigne la section de l'éprouvette.

DÉSIGNATION DES MATIÈRES	CHARGES EN KILOGRAMMES par millimètre carré de la section primitive		ALLONGEMENTS de rupture mesurés entre repères
	à la limite d'élasticité	à la rupture	
Acier moulé	22	45	15 0/0
Aciers laminés : Tôles unies, plats et barres rondes, carrées ou profilées	24	42	25 0/0
Rivets	20	38	28 0/0

tibles de travailler à l'extension, soit par traction simple, soit par flexion, seront toujours exécutés en acier moulé, laminé ou forgé.

Article 15

Article 16

En général, la justification des limites de sécurité proposées consistera dans l'énonciation des conditions prescrites par le cahier des charges, en ce qui touche la limite d'élasticité, la limite de résistance et l'allongement de rupture du métal, et, le cas échéant, la fragilité. D'autres considérations peuvent, d'ailleurs, être envisagées, telles que la perfection des moulages quand il s'agit de fontes décoratives.

sur lesquelles l'Administration statuera *. Il en sera ainsi notamment pour la mise en œuvre d'aciers forgés, d'aciers à grande résistance, de câbles en fils d'aciers, de chaînes, etc.

ARTICLE 17

Pièces spéciales. — En dehors des éléments de la charpente métallique, particulièrement visés par les articles 11, 12, 13, 14, 15 et 16, les ponts comportent souvent des pièces spéciales : articulations, galets, rotules, sabots, balanciers, ancrages, organes de mécanismes etc... Il appartiendra aux Ingénieurs ou aux Constructeurs d'arrêter suivant les règles de l'art les dimensions à attribuer à ces pièces, en raison des efforts à leur faire supporter *.

Toutes les fois qu'elles seront exposées à l'usure par frottement ou friction, il en sera tenu compte dans la détermination des épaisseurs : des clauses particulières pourront être insérées dans le cahier des charges du projet, en ce qui touche la dureté épidermique du métal dans les surfaces frottantes, et le dressage plus ou moins parfait de ces surfaces **.

§ 4. — Epreuves des ponts.

ARTICLE 18

Calcul des flèches. — On fournira, à l'appui du projet d'exécution, le calcul des flèches sous l'action de la charge permanente et sous l'action de la surcharge réglementaire.

Article 17

* Il a été jugé impossible de formuler aucune règle précise pour les pièces spéciales en raison de la variété de leurs formes, et de la diversité des conditions de leur emploi. Elles sont d'ailleurs le plus souvent fabriquées avec des métaux présentant des qualités particulières (Art. 16).

On appelle l'attention des Ingénieurs sur ce fait que les limites de sécurité énoncées dans les articles précédents ne sont pas applicables *de plano* à ces pièces.

On sait, par exemple, que, pour les chariots de dilatation des ponts, le travail élastique de compression, rapporté à la section horizontale d'un galet cylindrique de roulement, est parfois abaissé au-dessous du dixième de la limite de sécurité admise usuellement pour le métal, acier ou fonte (art. 13 et 14). Pour les billes de roulement, que l'on emploie quelquefois dans les ponts tournants, la réduction est encore plus forte.

** En ce qui touche les articulations, la limite de sécurité à la compression sur la surface de contact de la cheville et du trou dépendra de la dureté du métal. Elle devra être telle que l'on n'ait pas à redouter l'ovalisation du trou et l'amaigrissement de la cheville, conséquences d'une usure progressive par friction.

Article 18

Il suffira, en général, de calculer la flèche au milieu de chaque travée. Pour les ponts en arc, ainsi que pour les ouvrages très importants ou de types exceptionnels, il pourra être utile ou intéressant de calculer les flèches en d'autres points : reins des arcs, articulations de fermes dans les cantilevers, etc.

Toutes les fois que l'on sera fixé d'avance sur la composition exacte du train devant servir aux essais, il conviendra de faire le calcul des flèches pour ce train, concurremment avec le train-type, ou avec le train qui aura servi de base aux calculs de stabilité.

Il ne sera demandé qu'un calcul *sommaire*, basé sur les résultats déjà obtenus pour le train-type.

Article 19

Epreuves. — Les ponts dont les poutres principales auront été entièrement confectionnées à l'atelier, avant d'être transportées à pied d'œuvre, ne seront pas soumis aux épreuves : il sera seulement procédé à la visite des ouvrages, après leur mise en service. Cette dispense des épreuves pourra toutefois être révoquée par l'Ingénieur des travaux ou l'Ingénieur du Contrôle *.

Pour les ponts dont les fermes maîtresses seront composées de tronçons ou d'éléments dont l'assemblage aura été fait à pied d'œuvre, chaque travée sera soumise à deux genres d'épreuves, l'une par poids mort, et l'autre par poids roulant **.

Article 20

Composition des trains d'épreuves. — Les épreuves seront faites au moyen de trains formés de deux machines attelées en tête et de wagons chargés.

Le poids moyen par mètre courant du train d'épreuve pour la plus grande travée à éprouver se rapprochera autant que possible de celui du train-type défini à l'article 2, ou tout au moins de celui du train le plus lourd appelé à circuler sur la voie considérée.

Les longueurs des trains seront fixées comme il suit :

Pour les ponts à travées indépendantes, la longueur mesurée entre essieux extrêmes sera au moins égale à la plus grande ouverture.

Pour les ponts à travées solidaires, cette longueur devra être suffisante pour que le train couvre entièrement les deux plus grandes travées consécutives.

Article 21

Ponts à une seule voie ou à voies indépendantes. — Epreuves par poids mort. — Le train sera placé successivement dans les positions correspondant aux plus grands efforts dans les fermes maîtresses ou les poutres principales.

Il suffira toutefois, en général, d'opérer comme il suit :

a) Pour les ponts à travées indépendantes, le train d'essai sera

Le calcul de la flèche due à la charge permanente permettra, le cas échéant, de déterminer la cambrure ou contre-flèche à donner au pont, en vue de renseigner à cet égard le constructeur.

ARTICLE 19

* Si l'Ingénieur des travaux ou l'Ingénieur du Contrôle éprouve des doutes sur la qualité du travail exécuté à l'atelier, ou sur les soins apportés dans le transport et la mise en place, ceux des ponts de cette catégorie qu'il aura désignés seront soumis soit aux épreuves complètes, soit seulement à une partie d'entre elles.

** Si les exigences du trafic le rendent nécessaire, un tablier métallique pourra être livré à la circulation avant les épreuves, soit partiellement, soit en totalité. Il devra, en ce cas, être procédé aux épreuves réglementaires dans le plus bref délai possible.

ARTICLE 20

ARTICLE 21

amené successivement sur chaque travée, de manière à la couvrir entièrement, puis à en couvrir une moitié seulement, les machines étant placées en tête du train.

Il séjournera dans chacune de ces positions pendant dix minutes au moins *.

b) Pour les ponts à travées solidaires, avec poutres continues, chaque travée sera d'abord chargée isolément comme il vient d'être dit. A cet effet le train d'essai sera coupé à la longueur voulue.

Ensuite, on chargera simultanément les deux travées contiguës à chaque pile, à l'exclusion de toutes les autres, au moyen du train d'essai, coupé à la longueur voulue.

Quand les poutres seront à âme pleine, l'épreuve par surcharge sur demi-travée sera supprimée, aussi bien pour les travées indépendantes que pour les travées solidaires *.

c) Pour les ponts en arc, on chargera d'abord sur toute l'ouverture, puis sur chaque moitié seulement, et enfin dans la partie médiane, du quart aux trois quarts de la portée *.

Épreuves par poids roulant. — Elles seront au nombre de deux. On fera circuler le même train sur le pont, d'abord à la vitesse de 20 kilomètres à l'heure, puis à celle de 40 kilomètres à l'heure.

Toutefois, l'épreuve à la vitesse de 40 kilomètres à l'heure pourra être ajournée jusqu'à l'époque où la voie aux abords sera suffisamment consolidée.

Si, cette question de solidité mise à part, la situation de la voie aux abords du pont ne permettait pas de réaliser en toute sécurité les vitesses indiquées ci-dessus, la marche du train serait ralentie en conséquence *.

Article 22

Ponts à double voie. — Pour les ponts portant deux voies, l'épreuve par poids mort se fera d'abord isolément sur chaque voie, comme il a été dit dans l'article précédent, puis simultanément sur les deux voies.

Il en sera de même pour l'épreuve par poids roulant. L'épreuve simultanée des deux voies se fera au moyen de deux trains marchant côte à côte dans le même sens aux vitesses prescrites.

Article 23

Ponts de types exceptionnels ou portant plus de deux voies. — Pour les ponts dont le type ne rentrera dans aucune des trois caté-

* Lorsqu'un pont comportera des travées identiques, les épreuves par poids mort pourront n'être effectuées que sur des travées ou des groupes de travées dissemblables. Toutefois, cette dispense ne serait pas maintenue s'il y avait des motifs sérieux de supposer que deux travées identiques, ou deux groupes identiques, puissent se comporter différemment sous l'action du poids mort, ou bien si ultérieurement les épreuves par poids roulant venaient à donner des indications discordantes, en ce qui touche les flèches observées.

** A titre d'exemple typique, on peut citer le cas d'un pont situé à l'entrée d'une halle de gare terminus.

Article 22

Article 23

Les dispositions des épreuves seront déterminées par les Ingénieurs d'après les résultats des calculs de stabilité, de façon à réaliser

gories visées à l'article 21 ou qui porteront plus de deux voies, les dispositions des épreuves seront réglées par une clause spéciale du projet.

A défaut, elles seront arrêtées par l'Administration supérieure sur la proposition des Ingénieurs du Contrôle, le concessionnaire ou l'entrepreneur entendu.

ARTICLE 24

Mesure des flèches. — On mesurera, au cours des épreuves, la flèche maximum au milieu de chaque travée.

Immédiatement après les épreuves de chaque pont, la partie métallique sera visitée dans tous ses détails.

Pour tous les ponts à travées solidaires ou en arcs, les niveaux des points les plus bas des sections des poutres ou des arcs, au milieu de chaque travée et à ses extrémités, seront repérés avant les épreuves à deux points fixes choisis de manière à permettre de constater, après l'enlèvement de la surcharge, et ensuite à une époque quelconque, les déformations qui se seraient produites; on repérera par rapport aux mêmes points le dessus de chacun des appuis.

Le procès-verbal des épreuves contiendra les renseignements nécessaires pour permettre de retrouver ultérieurement ces repères.

A ce procès-verbal sera annexé un tableau comparatif des flèches calculées et des flèches observées.

ARTICLE 25

Contrôle des épreuves. — Pour les ouvrages construits ou entretenus par des concessionnaires, les épreuves seront faites en présence d'un Ingénieur chargé du Contrôle; les procès-verbaux détaillés, dont elles devront être l'objet, seront soumis à l'Administration.

§ 5. — Dispositions diverses

ARTICLE 26

Dispositions à prendre pour faciliter la visite et l'entretien. — On s'attachera à rendre faciles la visite, la peinture et la réparation des parties métalliques et on fera connaître, s'il y a lieu, dans les mémoires à l'appui des projets, les mesures prises à cet effet.

les plus grands efforts dans les fermes maîtresses ou poutres principales.

ARTICLE 24

Il est recommandé de faire usage pour le mesurage des flèches d'appareils enregistreurs chronométriques, qui, pour l'épreuve par poids roulant, fournissent le relevé graphique de *la ligne d'influence* des déplacements verticaux, et permettent de contrôler la vitesse des trains.

Ces appareils peuvent servir, en outre, à mesurer, avant ou après les épreuves, les déplacements dus aux changements de température. Les relevés graphiques, ainsi obtenus pour le pont non surchargé, permettront, le cas échéant, de faire subir aux flèches mesurées pendant les épreuves les corrections nécessaires pour éliminer les effets de la température.

Enfin l'enregistrement des mouvements vibratoires de la charpente métallique permet d'apprécier la fatigue dynamique due au passage du train en vitesse, qui vient en augmentation du travail statique calculé pour la surcharge au repos.

ARTICLE 25

ARTICLE 26

Les prescriptions de l'article 26 s'appliquent à la fois à la disposition des pièces métalliques et aux installations spéciales destinées à donner un accès facile aux différentes parties de la construction. On devra chercher à rendre les principales pièces accessibles sans

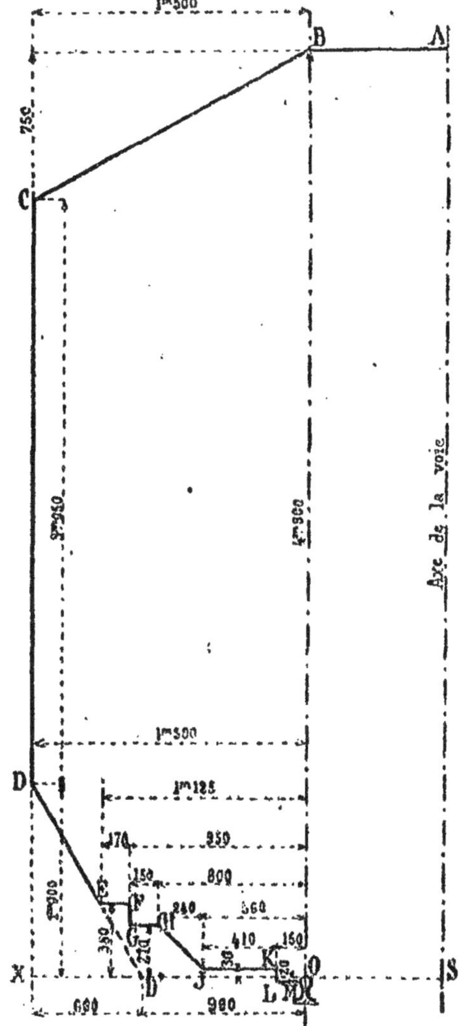
1m500
B
A
750
C
2m950
4m800
Axe de la voie
1m500
D
1m125
170
850
E
150
800
F
240
560
G
H
410
160
380
210
K
X
D'
J
O
S
L
690
980

Article 27

Distance au rail le plus voisin des pièces les plus rapprochées de la voie. — Lorsque la voie ne présente pas de dévers, les pièces de l'ouvrage métallique doivent rester en dehors du gabarit A. B. C. D. E. F. G. H. J. K. L. M. tel qu'il est défini au croquis ci-contre, et au tableau ci-après.

TABLEAU NUMÉRIQUE DÉFINISSANT LE GABARIT		
DÉSIGNATION DES SOMMETS	ABSCISSES — Distance à l'axe vertical OB	ORDONNÉES — Distance à l'axe horizontal SX passant par le sommet O du rail
Ligne brisée A. B. C. D. D'		
Sommet B	0	+ 4m800
» C	+ 1m500	+ 4m050
» D	+ 1m500	+ 1m000
» D'	+ 0m900	0
Ligne brisée E. F. G. H. J. K. L. M. O.		
Sommet E	+ 1m128	+ 0m380
» F	+ 0m959	+ 0m320
» G	+ 0m950	+ 0m270
» H	+ 0m800	+ 0m270
» J	+ 0m560	+ 0m030
» K	+ 0m150	+ 0m030
» L	+ 0m150	— 0m020
» M	au contact du rail	— 0m020
» O	0	0

échafaudages spéciaux, et sans qu'il soit nécessaire de circuler le long des poutres dans des conditions dangereuses.

Article 27

Le contour fixé par l'article 27 a été déterminé en vue de réserver aux goussets, consoles, etc..., un espace aussi grand que possible, sans que les ponts métalliques présentent au passage des trains des obstacles plus rapprochés de la voie que les autres ouvrages d'art ; on devra, en outre, tenir compte dans l'étude des projets de la nécessité de ménager aux agents circulant à pied sur la voie les moyens de se garer d'une manière facile et sûre.

Si la voie présen . du dévers, les lignes A. B. C. D. D' restent fixes par rapport à l'axe vertical passant par le milieu du rail et à l'axe horizontal passant par le sommet du rail bas ; la partie E. F. G. H. J. K. L. M. du gabarit pivote autour du point O (sommet du rail adjacent) d'un angle correspondant au dévers, le point mobile E glissant sur la droite fixe DD'.

ARTICLE 28

Limitation du poids des machines qui pourront circuler sur les ponts sans autorisation préalable. — Ne pourra avoir lieu, sans une autorisation spéciale du Ministre des Travaux publics, la mise en circulation sur les ponts de locomotives dont un essieu porterait une charge supérieure à 22 tonnes, ou dont le poids total et le mode de répartition de ce poids entre essieux seraient tels que le moment fléchissant maximum déterminé par cette locomotive dans une travée indépendante ayant pour ouverture la longueur totale soit de la machine-tender, soit de la machine avec son tender, dépassât de plus de un dixième celui que produirait dans la même travée le train-type défini à l'article 2, mais réduit à une seule machine de tête, suivie des wagons chargés.

ARTICLE 29

Dérogations aux prescriptions du règlement. Réduction du poids du train-type. — L'Administration se réserve d'apprécier les cas exceptionnels qui pourraient motiver des dérogations quelconques au présent Règlement.

En particulier, lorsqu'on aura à construire un ouvrage neuf sur un chemin de fer dont les conditions d'établissement ou d'exploitation seront telles qu'il ne puisse circuler sur ce pont que des trains notablement plus légers que le train-type défini à l'article 2, il pourra être dérogé aux prescriptions du dit article sur une autorisation spéciale du Ministre des Travaux publics, définissant la surcharge à admettre pour cet ouvrage dans les calculs de stabilité et les épreuves.

ARTICLE 30

Anciens ponts. — Le règlement ne vise que les ouvrages neufs dont les travaux seront exécutés postérieurement à la date de sa mise en vigueur.

Article 28

La réserve formulée dans l'article 28 n'a pas pour but de limiter le poids des machines. Elle oblige l'exploitant, lorsqu'il soumet à l'approbation ministérielle un nouveau type de machine, à justifier qu'il n'imposera pas soit aux ouvrages d'art de son réseau, soit aux ouvrages d'art des lignes sur lesquelles il se propose de mettre ce type en service, des surcharges *notablement* supérieures à celles en vue desquelles les ponts métalliques auront été calculés.

Il doit être entendu que la comparaison de la nouvelle machine à la machine type sera faite sur la base des charges *normales* de leurs essieux respectifs.

Article 29

Article 30

Toutefois son application ne sera pas obligatoire, mais seulement facultative, pour les ouvrages neufs dont les projets auront été soumis à l'approbation de l'Administration avant le 1er janvier 1916.

CHAPITRE II

PONTS-RAILS SUPPORTANT DES VOIES FERRÉES ÉTROITES A LA LARGEUR D'UN MÈTRE

ARTICLE 31

Conditions à remplir. — Toutes les dispositions du Chapitre premier, relatives aux ponts-rails à voie normale, sont applicables sans changement aux ponts-rails à voie d'un mètre, sauf les modifications indiquées ci-dessous pour les articles 2, 3, 20, 21, 27 et 28.

(*Article 2*). — Le train-type servant de base aux calculs de stabilité est défini par le tableau et la figure ci-après :

DÉSIGNATION	Machine-tender	Wagon chargé
Longueur totale	10 mètres	8 mètres
Nombre d'essieux	5	2
Écartement de deux essieux consécutifs.	1 mètre 50	4 mètres
Distance d'un tampon à l'essieu voisin.	2 mètres	2 mètres
Charge par essieu.	10 tonnes	10 tonnes
Poids total.	50 tonnes	20 tonnes
Poids moyen par mètre de longueur.	5 tonnes	2 tonnes 5

Article 31

Pour le calcul des pièces du tablier qui portent le train (longerons sous rails, pièces de pont, entretoises ou poutrelles), ainsi que pour le calcul des poutres principales dans les ponts dont l'ouverture ne dépasse pas 13 mètres, on envisagera le cas où le troisième essieu de la première machine porterait 14 tonnes, la charge du premier essieu et celle du cinquième essieu étant réduites à 8 tonnes.

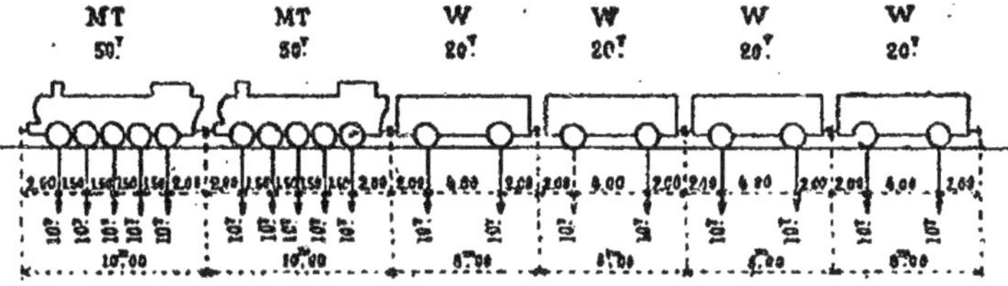

(*Art. 3*). — On admettra que la pression du vent sur un mètre carré de surface verticale puisse s'élever à 250 kilogrammes, mais que le passage des trains est interrompu lorsqu'elle atteint 100 kilogs.

(*Art. 20*). — Les trains d'épreuve seront composés avec le plus lourd matériel propre à la ligne sur laquelle est situé le pont métallique.

(*Art. 21*). — La seconde épreuve par poids roulant sera faite à la vitesse de 35 kilomètres à l'heure.

(*Art. 27*). — Le contour à l'intérieur duquel aucune pièce du pont ne devra faire saillie sera déterminé dans chaque cas, en tenant compte des minima de hauteur et de largeur autorisés pour les ouvrages d'art sur la ligne à laquelle appartiendra le pont à construire.

(*Art. 28*). — La charge d'essieu maximum, dont le passage ne pourra avoir lieu sur le pont sans autorisation spéciale, est fixée à 12 tonnes.

CHAPITRE III

PONTS-ROUTES SUPPORTANT DES VOIES DE TERRE

Article 32

Dispositions générales. — Les dispositions du chapitre premier, relatives aux ponts-rails à voie normale, qui sont contenues dans

ARTICLE 32

les articles 1, 4, 5, 6, 7, 8, 9, 10, 12, 13, 15, 16, 17, 18, 23, 25, 26 et 30, sont applicables sans changement aux ponts-routes.

Les autres articles sont supprimés, ou modifiés comme il suit :

Article 33

Surcharges. Convoi-type. — (Article 2). — Trottoir. — Le trottoir sera surchargé par poids mort, à raison de 560 kilos par mètre carré.

Chaussée. — On admettra que la chaussée soit divisée en zones longitudinales de 2 m. 25 de largeur, dont chacune sera surchargée par un convoi de véhicules à traction mécanique.

La division en zones sera effectuée de manière que l'axe de la chaussée coïncide soit avec l'axe d'une zone centrale, soit avec la limite séparative de deux zones contiguës.

Si la largeur de la chaussée n'est pas exactement divisible par 2,25, il restera le long de chaque bordure de trottoir une bande étroite, ayant moins de 1 m. 125 de largeur, qui ne sera pas couverte par la surcharge mobile : on appliquera sur cette bande une surcharge morte de 560 kilogs par mètre carré, comme sur le trottoir.

Chaque convoi est constitué par une file de véhicules à quatre roues, dans laquelle on intercale *un seul* véhicule à six roues.

Le centre de gravité de chaque véhicule est sur l'axe de la zone de 2 m. 25 qu'il occupe.

Les caractéristiques de ces véhicules et leur disposition en convoi sont définies par le tableau et la figure ci-après :

Véhicules à quatre roues.

Nombre des essieux	2
Charge par essieu	7 t.
Poids total	14 t.

Véhicule à six roues *.

Nombre des essieux	3
Charge de l'essieu central	12 t. 6
Charge d'un essieu latéral	4 t. 2
Poids total	21 t.

Dispositions communes aux deux véhicules-types.

Largeur de la voie	1 m. 80

Article 33

* Le véhicule-type du Règlement ne ressemble en aucune façon aux voitures automobiles lourdes admises à circuler sur les routes françaises. Mais il leur est équivalent au point de vue des conditions qui *seules* influent sur les calculs de stabilité et sur les épreuves des ponts : largeur de la zone occupée — charge maximum d'un essieu — poids moyen par mètre courant de convoi.

On s'est proposé d'attribuer à la surcharge roulante une composition aussi uniforme et aussi simple que possible, de façon à écarter des calculs toute complication, et à rendre facile et rapide leur vérification. Il suffit que ces véhicules hypothétiques, disposés en convoi comme il est indiqué, produisent, en toutes circonstances, des effets égaux ou un peu supérieurs (efforts totaux et déplacements verticaux) à ceux que donneraient les voitures automobiles ou hippomobiles circulant effectivement sur les routes.

** Quand on sera conduit, pour la détermination d'un effort maximum, à placer le véhicule à six roues en tête du convoi, il sera loisible au calculateur de supprimer le premier essieu de ce véhicule (chargé à 4 t. 2), pour faciliter et abréger les opérations numériques ou graphiques.

Ce cas pourra notamment se présenter dans la recherche des efforts tranchants maxima, pour une poutre à travées indépendantes ou solidaires.

Ecartement de deux essieux consécutifs du *convoi*. 5 m.
Poids moyen du convoi par mètre courant. . . 1 t. 4

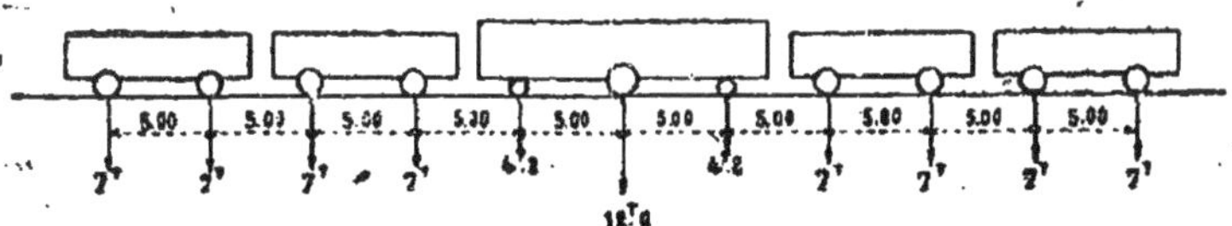

Les limites transversales des régions du trottoir et de la chaussée portant la surcharge morte de 560 kilogrammes par mètre carré, les extrémités des convois et la position attribuée au véhicule à 6 roues seront déterminées dans chaque cas par la condition de réaliser l'effort maximum dans la partie ou dans l'élément du pont soumis au calcul.

L'Administration se réserve d'autoriser l'introduction, dans les calculs de stabilité, de surcharges plus élevées lorsqu'en raison de circonstances particulières l'ouvrage à construire devra soit être soumis à une circulation exceptionnellement intense, soit livrer passage à des véhicules ou à des convois très lourds. La surcharge par mètre carré de trottoir pourra alors être relevée au-dessus de 560 kilogs, sans jamais dépasser 720 kilogs. Pour les surcharges roulantes, l'Administration statuera sur les propositions des Ingénieurs.

L'Administration se réserve d'autoriser l'introduction dans les calculs de stabilité de surcharges moins élevées, lorsqu'en raison de circonstances particulières l'ouvrage à construire ne devra être soumis qu'à une circulation exceptionnellement faible, ou bien n'aura à supporter que le passage de véhicules d'un poids réduit. La surcharge uniforme par mètre carré de trottoir ne pourra jamais être abaissée au-dessous de 400 kilogs. Pour les surcharges roulantes, l'Administration statuera sur les propositions des Ingénieurs, sans que le poids par mètre courant du convoi puisse être abaissé au-dessous de 1.000 kilogs. ***

Article 34

Pression du vent. — (*Art. 3*). — Les prescriptions de l'article 3 du chapitre premier sont applicables aux ponts-routes en ce qui touche *seulement* le vent exerçant la pression de 250 kilogs par

*** Il est recommandé aux auteurs des projets de pont de n'apporter aucun changement dans la disposition du convoi et dans les dimensions des véhicules, à moins qu'ils n'aient des motifs d'espèce pour le faire, et de se borner à modifier les poids des essieux en opérant autant que possible par réduction proportionnelle.

Si, par exemple, on réduit à $\frac{560 \text{ k.}}{1,4}$, ou 400 kilogs, la surcharge morte du trottoir et à $\frac{1 \text{ t. } 400}{1,4}$, ou 1.000 kilogs le poids, par mètre courant, du convoi, il conviendra de réduire proportionnellement les charges des différents essieux, savoir :

Véhicule à quatre roues. .	5 tonnes au lieu de 7 tonnes
Véhicule à six roues :	
Essieu central.	9 tonnes au lieu de 12 t. 6
Essieux latéraux	3 tonnes au lieu de 4 t. 2

Il est bien entendu qu'il ne s'agit là que d'une *simple recommandation*, qu'il ne faut pas suivre aveuglément, si l'on a des raisons sérieuses pour l'écarter.

Article 34

mètre carré de surface verticale, quand le pont ne supporte aucune surcharge, ni sur les trottoirs ni sur la chaussée.

Dans les calculs relatifs aux effets produits par des surcharges, on admettra qu'il n'y a pas de vent.

ARTICLE 35

Justification de la stabilité. — Limites de sécurité. — (Art. 11). — On calculera séparément, ainsi qu'il a été dit à l'article 8, les valeurs du travail élastique correspondant pour chaque élément ou section du pont aux causes énumérées dans les articles 1, 33, 34 et 4, en se plaçant, pour les influences variables, dans les conditions les plus défavorables, conformément aux règles établies par la Résistance des Matériaux, et frappant, s'il y a lieu, les résultats bruts de ce calcul des majorations nécessaires (Pièces comprimées — Efforts secondaires).

Les lettres suivantes désignent, pour un même élément du pont, les résultats ainsi obtenus :

Charge permanente c
Surcharge . . . . d
Pression du vent à 250 kilogs . . . . w
Température et causes diverses, à l'exception de celles qui se rattachent à la surface ou au vent, et dont les effets doivent être ajoutés à d ou w. . . . . t

Le pont sera considéré comme stable, au point de vue de l'équilibre élastique ou de la fatigue du métal, si les valeurs du travail satisfont aux conditions qu'expriment les inégalités suivantes :

(1) $0{,}6\,(c + t) + d \leqq S_2$ (2) $c + t + d \leqq R_2$

(3) $0{,}6\,(c + t) + w \leqq S_3$ (4) $c + t + w \leqq R_3$

Le texte de l'article 11 est, pour le surplus, applicable sans changement aux ponts-routes.

Pour l'acier moulé ou laminé, les limites de sécurité à envisager dans les calculs sont celles désignées par les mêmes lettres S_2 et R_2, S_3 et R_3, dans l'article 12 du chapitre relatif aux ponts-rails.

ARTICLE 36

Fonte. — (Art. 14). — On n'emploiera jamais la fonte dans la

Article 35

La règle de sécurité (1) est applicable tant que le rapport $\frac{d}{c+t}$ est supérieur au rapport $\frac{S_2 - 0{,}6\, R_2}{R_2 - S_2}$.

S'il en était autrement, c'est la règle (2) qu'il faudrait envisager.

La valeur totale du travail admissible, à laquelle conduit la règle (1), est exprimée par la formule :

$$c + t + d = \frac{S_2\left(1 + \frac{d}{c+t}\right)}{0{,}6 + \frac{d}{c+t}}.$$

Article 36

Pour le calcul des pièces en fonte, on se servira exclusivement

confection des pièces exposées à subir un effort d'extension *simple.*

Les limites de sécurité seront les suivantes :

Compression : $R_2 = R_3 = 7$ k.

Extension dans les *pièces fléchies* : $R_2 = R_3 = 1$ k. 50.

ARTICLE 37

Épreuves. — (*Art. 19, 20, 21, 22*). — Chaque travée sera soumise à deux genres d'épreuves : l'une par poids mort, l'autre par poids roulant.

Pour l'épreuve par poids mort, la surcharge sera uniformément de 400 kilogs par mètre carré de tablier, sur les trottoirs et la chaussée : la surcharge de la chaussée pourra être constituée, en totalité ou en partie, par les véhicules devant servir à la seconde épreuve *.

Pour l'épreuve par poids roulant, on emploiera, autant que faire se pourra, les véhicules les plus lourds, à traction de chevaux ou à traction mécanique, dont la circulation sur les routes est autorisée.

Ils seront disposés en files, dont le nombre sera, *autant que possible*, égal au quotient de la largeur de la chaussée par le nombre 2,25.

On tâchera de les rapprocher suffisamment dans chaque file pour que leur poids total, rapporté à la surface de la chaussée, atteigne en moyenne au moins 400 kilogs par mètre carré, et se rapproche, autant qu'on le pourra, de la moyenne plus élevée correspondant au dispositif de surcharge introduit dans le calcul des fermes maîtresses **.

Pour les ponts à travées indépendantes, et pour les ponts en arc, la longueur commune des files sera au moins égale à la plus grande portée.

Pour les ponts à travées solidaires, avec poutres continues, cette

des règles (3) et (4) de l'article 35, où figure la limite de sécurité R.

L'emploi de la fonte dans la construction des ponts-routes en arc est souvent justifié soit par une raison d'économie, soit par un motif d'esthétique. Contrairement à ce qui a eu lieu pour les points-rails, cette pratique a donné des résultats satisfaisants, hormis les cas où l'on avait adopté des dispositions vicieuses ou médiocres. On se l'explique aisément par cette double circonstance : que la charge permanente est, dans tous les ouvrages de cette catégorie, considérablement plus importante, en comparaison de la surcharge, que dans les ponts-rails ; et que l'effet dynamique des surcharges mobiles est insignifiant, par rapport à celui des trains de chemins de fer.

On a estimé que, dans ces conditions, il y avait lieu d'admettre l'emploi de la fonte dans les pièces fléchies exposées à subir un travail d'extension, à condition que ce travail ne dépassât pas la limite peu élevée inscrite dans le Règlement.

Article 37

* Lorsqu'un pont comportera des travées identiques, l'épreuve par poids mort *pourra* n'être effectuée que sur des travées, ou des groupes de travées, dissemblables (*voir le commentaire de l'article 21*).

** Lorsqu'on fera usage pour les épreuves de véhicules à traction mécanique, il sera toujours facile de connaître leurs poids avec une exactitude suffisante. Comme il pourrait n'en être pas de même pour les véhicules attelés, il paraît utile d'indiquer ici deux schémas de convois tirés par des chevaux.

Le convoi formé de tombereaux de 6 tonnes à un essieu, traînés chacun par deux chevaux en file, représente un poids par mètre courant d'à peu près 925 kilogs.

Le convoi formé de chariots de 16 tonnes à deux essieux, traînés chacun par huit chevaux sur deux files, représente un poids par mètre courant d'à peu près 1.350 kilogs.

On pourra également se servir pour les épreuves d'un véhicule de 11 tonnes à un seul essieu, traîné par cinq chevaux sur une seule file.

longueur sera suffisante pour couvrir entièrement les plus grandes travées consécutives.

Dans le cas où il y aurait difficulté à réunir le nombre de véhicules nécessaires pour constituer toutes les files, on se bornerait à couvrir la chaussée sur la moitié de sa largeur, en maintenant sur l'autre moitié la surcharge par poids mort de 400 kilos par mètre carré.

Il sera procédé aux épreuves par poids mort de la manière suivante :

Pour les ponts à travées indépendantes, la surcharge sera étendue aussi uniformément que possible sur toute la largeur du tablier.

Pour les ponts à travées solidaires, avec poutres continues, chaque travée sera d'abord éprouvée isolément comme il vient d'être dit, puis on chargera simultanément les deux travées contiguës à chaque pile, à l'exclusion de toutes les autres.

Pour les ponts en arc, chaque travée sera chargée sur une moitié seulement de l'ouverture, puis sur la totalité de sa portée, puis sur l'autre moitié, et en dernier lieu dans la partie médiane.

On procédera à l'épreuve par poids roulant en faisant circuler de bout en bout du pont les files de véhicules, à une vitesse comprise entre 4 et 8 kilomètres à l'heure.

On fera passer en outre sur le pont un véhicule comprenant un essieu aussi lourd que possible avec maximum de 12 tonnes, à la vitesse autorisée pour la circulation sur route de ce véhicule.

Aggravation ou atténuation des épreuves. — Toutes les fois que l'Administration aura autorisé, en vertu de l'article 33, l'introduction dans les calculs de stabilité de surcharges plus fortes ou plus faibles que les surcharges réglementaires, on relèvera, s'il est possible, ou l'on réduira dans la même proportion les surcharges d'épreuves, par poids mort ainsi que par poids roulant.

Article 38

Mesure des flèches. — (*Art. 24*). — Les prescriptions de l'article 24 sont applicables aux ponts-routes, avec cette seule modification que le repérage des points bas de la partie métallique par rapport à deux points fixes ne sera obligatoire que pour les travées ayant une ouverture supérieure à 20 mètres.

Article 39

Passage sur le pont de chargements exceptionnels. — (*Art. 28*). —

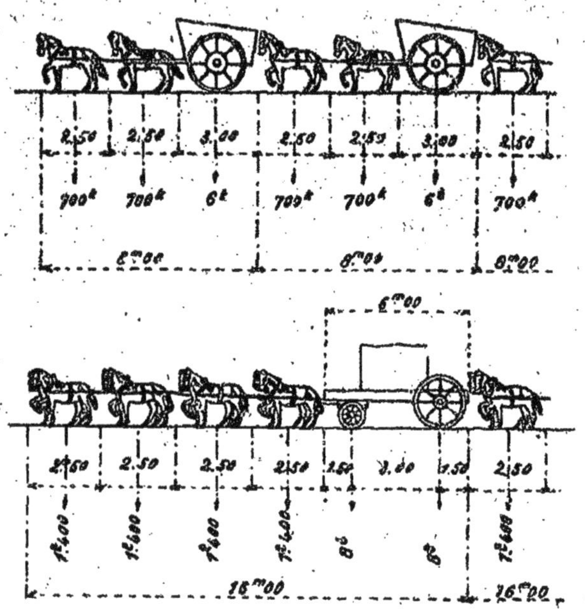

ARTICLE 38.

ARTICLE 39

La prescription inscrite dans l'article 39 n'a pas pour objet de

Ne pourra avoir lieu qu'en vertu d'une autorisation spéciale délivrée par le Préfet, sur l'avis conforme de l'Ingénieur en Chef, le passage, sur la chaussée du pont, de chargements notablement supérieurs à ceux adoptés dans les calculs de stabilité, soit au point de vue de la charge d'un essieu, soit en ce qui touche le poids total et l'empattement envisagés simultanément.

L'autorisation pourra stipuler certaines conditions moyennant lesquelles le passage sera permis.

Elle pourra s'appliquer à tous les véhicules d'un type et d'un poids déterminés, et être alors valable pour une durée non définie. Mais, dans ce dernier cas, l'effet de l'autorisation pourra être temporairement suspendu par décision de l'Ingénieur en Chef. Elle sera, en outre, révocable à toute époque par le Préfet, sur la proposition de l'Ingénieur en Chef.

Article 40

Ponts mixtes. — Les dispositions relatives aux ponts-routes sont applicables aux ponts mixtes, qui livrent passage à une route et à une voie ferrée, sous la réserve de compléter la surcharge afférente aux zones du tablier réservées à la circulation routière (chaussée et trottoirs) par l'adjonction du train-type défini dans les Chapitres I et II du Règlement (art. 2, 29 et 31).

Toutefois le travail élastique total, y compris l'effet de la surcharge complète, ne devra pas dépasser 8 k. 50 pour les longerons sous rails et 9 kilogs pour les entretoises ou pièces de pont portant la voie ferrée.

Pour les épreuves par poids mort et par poids roulant, on se conformera en ce qui touche la voie ferrée aux dispositions des Chapitres I et II du Règlement, et en ce qui touche les zones affectées à la circulation routière à celles du Chapitre III.

Article 41

Dérogations aux prescriptions du Règlement. — (*Art. 29*). — L'Administration se réserve d'apprécier les cas exceptionnels qui pourraient motiver des dérogations quelconques aux prescriptions du présent Règlement.

définir et de limiter les poids et dimensions des véhicules admis à circuler sur les routes. Son but est d'empêcher le passage sur un pont de véhicules plus lourds que ceux en vue desquels il a été calculé, si sa stabilité pouvait être compromise de ce chef, alors même que ces véhicules seraient autorisés à circuler librement sur les portions courantes de route aboutissant à l'ouvrage.

Article 40

On pourra envisager, dans le calcul d'un pont mixte, le cas d'un train couvrant le tablier de bout en bout et soumis à l'action d'un vent de 150 kilogrammes, en laissant libres les trottoirs et les portions de chaussée non occupées par la voie. Mais il est peu vraisemblable que ce dispositif de surcharge puisse donner des résultats plus défavorables que celui de la surcharge complète, trains avec poids mort et voitures sur la partie du tablier réservée à la circulation routière, *sans vent*.

Pendant les épreuves, la vitesse du train sera limitée au maximum autorisé à la traversée du pont. Cette vitesse pourra toutefois n'être réalisée que pendant les essais par poids mort de la chaussée.

Il sera loisible aux Ingénieurs, par un motif de sécurité, de réduire, pendant l'épreuve par poids roulant, la vitesse du train à celle des véhicules circulant sur la chaussée, ou même de maintenir le train *immobile*.

Article 41

CHAPITRE IV

PONTS-CANAUX

Article 42

Dispositions spéciales. — Les dispositions relatives aux ponts-routes sont applicables aux ponts-canaux, sauf les modifications ci-après :

Charge permanente. — On calculera la charge permanente en relevant de 0 m. 30 le niveau de l'eau correspondant au mouillage normal.

Cet exhaussement du niveau pourra être augmenté dans les cas exceptionnels où, pour une raison quelconque, il y aurait lieu de prévoir une variation plus importante dans le niveau du plan d'eau du bief.

On ajoutera en outre 300 kilogs par mètre carré au poids du trottoir, sur toute son étendue.

Surcharge d'épreuve. — Aucune surcharge d'épreuve n'est à considérer dans les calculs.

Pression du vent. — On tablera exclusivement sur la pression maximum de 250 kilogs par mètre carré de surface verticale, en admettant la présence de bateaux sur l'ouvrage.

On ajoutera en conséquence à la surface au vent du pont lui-même (bâche comprise) un rectangle plein de 1 m. 50 de hauteur au-dessus de la bâche, auquel on attribuera la même longueur qu'au pont.

Limites de sécurité. — Etant donné qu'aucune surcharge d'épreuve n'intervient dans le calcul des ponts-canaux, les limites de sécurité seront celles R_1 et R_2 indiquées pour les ponts-rails (articles 12, 13 et 14), les premières se rapportant au cas où il n'y a pas de vent, et les secondes au cas où le vent souffle à raison de 250 kilogs de pression par mètre carré de surface verticale. On admettra, comme pour les ponts-routes, que la fonte puisse travailler à l'extension dans une pièce fléchie, avec un maximum de 1 k. 50.

Calcul des flèches. — Dans le calcul des flèches, on se basera sur la charge permanente définie ci-dessus, avec relèvement du mouillage normal et chargement des trottoirs.

Epreuves. — L'épreuve consistera dans la mesure des flèches, avant et après le remplissage de la bâche au maximum de hauteur

Article 42

* Dans le cas où l'on aurait à prévoir l'organisation le long du canal d'un service de halage mécanique, avec tracteurs circulant sur le chemin de halage, il pourrait être opportun de tenir compte du passage de ces tracteurs sur la banquette de halage, mais seulement pour le calcul des éléments constitutifs des trottoirs.

** Pour les pièces qui, par leur position, seraient particulièrement exposées à l'oxydation, l'épaisseur indiquée par le calcul devra être augmentée en conséquence.

fixé précédemment, sans appliquer la charge de 300 kilogs par mètre carré sur les trottoirs.

Immédiatement après les épreuves, l'ouvrage sera visité dans toutes ses parties ; en outre, on repèrera à deux points fixes, avant l'épreuve, les niveaux des points les plus bas des sections des poutres au milieu de chaque travée et à ses extrémités, de manière à pouvoir, après la mise en charge et à une époque quelconque, mesurer les déformations qui se seraient produites. On repèrera, par rapport aux mêmes points, le dessus de chacun des appuis.

Le procès-verbal des épreuves contiendra les renseignements nécessaires pour permettre ultérieurement de retrouver ces repères.

CIRCULAIRE

DU MINISTRE DES TRAVAUX PUBLICS

POUR LE CALCUL ET LES ÉPREUVES DES PONTS MÉTALLIQUES PORTANT DES VOIES FERRÉES D'INTÉRÊT LOCAL

(25 FÉVRIER 1916)

I. — Application du nouveau règlement

En principe, les dispositions du nouveau règlement du 8 janvier 1915 sont applicables à tous les ponts métalliques spécialement établis pour livrer passage à des voies ferrées d'intérêt local.

Conformément à l'article 12 de la loi du 31 juillet 1913, les projets seront soumis à l'approbation des Préfets, qui statueront en appliquant le nouveau règlement. On devra notamment se conformer rigoureusement au paragraphe 6 de l'article 2 du règlement, libellé comme il suit :

« Il y aura lieu de substituer aux éléments constitutifs du train-« type les machines et wagons en service sur le réseau auquel appar-« tiendra l'ouvrage à construire, dans le cas où il résulterait de cette « substitution une aggravation des efforts supportés par les différentes « parties de l'ouvrage ».

Toutefois, le droit d'approbation appartiendra au Ministre des Travaux publics, dans le cas où les travaux intéresseraient des cours d'eau du domaine public ou des chemins dépendant de la grande voirie.

II. — Ponts mixtes, en dehors du domaine public national

Lorsqu'une voie ferrée d'intérêt local devra emprunter un ouvrage métallique affecté à une voie ne dépendant pas du domaine public national, on appliquera, tant pour les calculs que pour les épreuves, les dispositions du nouveau règlement. Toutefois, les auteurs des projets auront la faculté de substituer aux surcharges mortes ou roulantes prévues par les articles 33 et 37, pour la circulation routière, celles admises par les règlements spéciaux applicables aux ouvrages concernant la voie de communication empruntée.

III. — Dérogations aux prescriptions du nouveau règlement

Aucune des dérogations aux dispositions du règlement prévues par l'article 29 ne pourra être sanctionnée par les Préfets sans une autorisation spéciale du Ministre des Travaux publics. En particulier, lorsqu'il y aura lieu de substituer au train-type du règlement un train plus léger, l'autorisation du Ministre des Travaux publics définira la surcharge à admettre pour les calculs de stabilité et les épreuves.

En ce qui concerne l'application de l'article 28, l'autorisation du Ministre des Travaux publics sera également nécessaire pour la mise en circulation de machines d'un poids dépassant les limites fixées par ledit article.

IV. — Cas des tramways urbains

Les prescriptions des trois précédents paragraphes s'appliquent, en principe, à toutes les voies ferrées d'intérêt local, même aux tramways urbains, c'est-à-dire aux voies ferrées desservant l'intérieur des agglomérations.

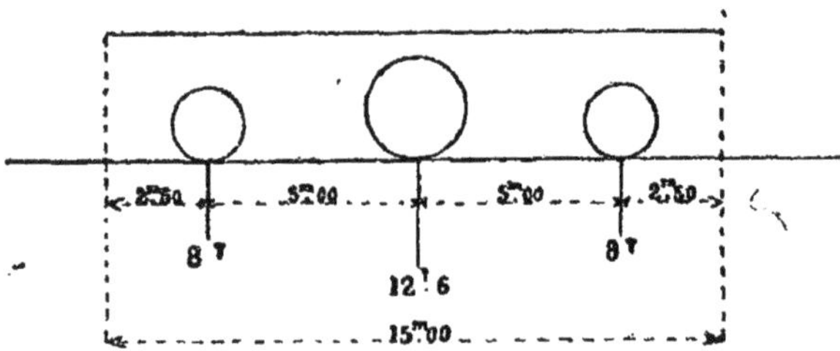

Toutefois, s'il s'agit d'un réseau de tramways urbains, destiné à rester isolé de tout réseau de chemins de fer d'intérêt général ou local, les calculs des ponts empruntés pourront être faits en substituant aux trains prévus par les articles 2 et 31 un convoi formé d'automotrices

fictives conformes au type ci-dessus et en nombre suffisant pour couvrir toute la longueur de l'ouvrage.

Les épreuves seront effectuées en utilisant un train formé par les automotrices les plus lourdes appelées à circuler sur le réseau.

D'une façon générale, il doit être bien entendu que les propositions adressées à l'occasion des dérogations à prévoir, conformément au paragraphe III ci-dessus, seront accompagnées d'un rapport de l'Ingénieur en chef du département. Elles devront être justifiées, non seulement par la considération du matériel roulant en usage sur la voie ferrée qui emprunte le pont, mais encore par celle du matériel le plus lourd qui pourrait y circuler éventuellement, même à titre exceptionnel.

Note sur l'application de la circulaire du 25 février 1916 au cas des tramways urbains. — Le convoi d'automotrices, défini au paragraphe IV, a un poids moyen de $\frac{28 \text{ t. } 6}{15}$ ou 1.907 kilos par mètre courant de voie.

La réaction d'appui maximum, pour une travée indépendante, se calculera comme il suit en fonction de l'ouverture l, quand celle-ci dépasse 15 mètres.

Posons :

$$l = 5m + c = 15m' + c',$$

avec les conditions :

$$0 \leqslant c < 5, \quad 0 \leqslant c' < 15.$$

Les lettres m et m' désignent des nombres entiers.

On a :

$$S = \frac{28,6}{30} l + 6,3 + \frac{8}{10} \frac{c(5 - c)}{l} + \frac{4,6}{30} \frac{c'(15 - c')}{l}.$$

Pour $c' = 0$, cette formule se réduit à :

$$S = \frac{28,6}{30} l + 6,3.$$

Pour $c' = 7$ m. 50, on trouve :

$$S = \frac{28,6}{30} l + 6,3 + \frac{13,625}{l^2}.$$

Le moment fléchissant maximum, *dans la section médiane* de la travée, se calculera comme il suit, en fonction de l'ouverture l, quand celle-ci dépasse 30 mètres.

Posons :

$$\frac{l}{2} = 5n + d = 15n' + d',$$

avec les conditions :

$$0 \leqslant d < 5, \quad 0 \leqslant d' < 15.$$

Les lettres n et n' désignent encore des nombres entiers.

On a :

$$M = \frac{28,6}{120} l^2 + \frac{8}{10} d(5 - d) + \frac{4,6}{30} d'(15 - d').$$

Pour $d' = 0$, cette formule se réduit à :

$$M = \frac{28,6}{120} l^2.$$

Pour $d' = 7$ m. 50, on trouve :

$$M = \frac{28,6}{120} l^2 + 13,625.$$

On pourra tracer la courbe enveloppe des moments fléchissants par le procédé des surcharges virtuelles a et b, que l'on sait calculer en fonction de S et de M.

La surcharge virtuelle a est toujours comprise entre les valeurs limites $\frac{28,6}{15}$ pour $d' = 0$, et $\frac{28,6}{15} + \frac{109}{l^2}$ pour $d' = 7$ m. 50.

La somme $a + b$ des deux surcharges virtuelles est toujours comprise entre les valeurs limites $\frac{28,6}{15} + \frac{12,6}{l}$ pour $c' = 0$, et $\frac{28,6}{15} + \frac{12,6}{l} + \frac{27,25}{l^2}$ pour $c' = 7$ m. 50.

L'enveloppe des moments fléchissants a pour équation approximative :

$$X = \frac{x(l-x)}{2}\left[a + b\left(\frac{l-2x}{l}\right)^2\right].$$

TABLEAUX NUMÉRIQUES

POUR FACILITER LE CALCUL DES EFFORTS MAXIMA DÉTERMINÉS DANS UN PONT A TRAVÉE INDÉPENDANTE PAR LE PASSAGE DU TRAIN D'ÉPREUVE RÉGLEMENTAIRE.

(Articles 35 et 36 du chapitre III. — Articles 2 et 31 du Règlement ministériel).

L'ouverture l est comptée en mètres.

La réaction maximum d'appui S est comptée en tonnes.

Le moment fléchissant maximum M est compté en tonnes-mètres.

Le nombre central de la quatrième colonne désigne l'essieu N au droit duquel se manifeste ce moment M; il est encadré par les numéros d'ordre des essieux extrêmes engagés sur le pont, au voisinage immédiat de chaque appui.

Le nombre δ indique, en mètres, la distance au milieu de la travée de la position occupée par l'essieu N.

Les nombres a et b, comptés en kilogrammes, sont les surcharges virtuelles dont on peut faire usage pour tracer la courbe enveloppe des moments fléchissants.

Les deux traits horizontaux intercalés dans les colonnes des S et des M marquent les ouvertures au delà desquelles le relèvement, à 26 tonnes pour la voie normale, ou à 14 tonnes pour la voie étroite de un mètre, du poids de l'essieu central de la locomotive de tête ne donne plus lieu à une aggravation de l'un ou l'autre de ces efforts.

Le tableau I se rapporte au train réglementaire de la voie normale.

Le tableau II est relatif à la voie étroite de un mètre.

TABLEAU I

TRAIN RÉGLEMENTAIRE POUR LA VOIE NORMALE

l	S	M	*N*	δ	*a*	*b*
1	26	6,5	*3*	0	52.000	0
2	31	13	»	»	26.000	5.000
3	36	21,13	2.*3*	— 0,326	30.662	2
4	42,75	36	2.*3*.4	0	18.000	3.375
5	47,90	52,5	»	»	16.800	2.360
6	53,75	70,31	1.*3*.4	— 0,307	19.390	569
7	57,93	94	1.*3*.5	0	15.347	1 204
8	62,50	119	»	»	14.875	750
9	66,67	144	»	»	14.222	592
10	70	169	»	»	13.520	480
11	74,55	194	»	»	12.826	729
12	78,33	219	»	»	12 167	888
13	81,54	244	»	»	11 550	995
14	85,72	271,92	1.*3*.6	+ 0,583	13 207	151
15	89,33	301,72	»	»	12.612	302
16	92,50	331,55	»	»	12.054	417
17	96,47	365	8.*11*.14	0	10.104	1.246
18	100	400	»	»	9.877	1.234
19	103,16	435	»	»	9.640	1.219
20	106	473,12	7.*11*.14	— 0,625	10.778	535

l	S	M	*N*	*δ*	*a*	*b*
21	109,52	515	7.*11*.15	0	9.342	1.088
22	113,18	560	»	»	9.256	1.033
23	116,96	605	»	»	9.149	1.021
24	121,25	650	»	»	9.028	1.076
25	125,60	695	»	»	8.896	1.152
26	130	743,25	6 *11*.15	— 0,650	9.748	778
27	134,82	795	6.*11*.16	0	8.724	1.263
28	139,29	850	»	»	8.674	1.275
29	143,45	905	»	»	8.609	1.284
30	147,33	960	»	»	8.533	1.289
31	151,62	1.015	»	»	8.449	1.332
32	155,63	1.070	»	»	8.360	1.367
33	159,40	1.125	»	»	8.264	1.397
34	163,53	1.183,54	5.*11*.16	— 0,708	8.897	1.141
35	167,43	1.247,81	4.*10*.16	— 0,615	8.753	1.163
36	171,41	1.316,81	3.*10*.16	— 1,232	9.367	838
37	175,14	1.386,76	2.*10*.16	— 1,817	9.965	533
38	178,95	1.462,23	1. *9*.16	— 1,625	9.687	612
39	182,57	1.541,67	»	»	9.650	564
40	186	1.621,12	»	»	9.603	520
41	189,76	1.700,61	»	»	9.547	505
42	193,33	1.780,12	»	»	9.484	494
43	196,74	1.862,61	1 *10*.17	— 1,691	9.494	438

l	S	M	N	δ	a	b
44	200	1.947,10	»	»	9 468	380
45	203,56	2.031,69	1. *9*.17	— 0,944	8.742	700
46	206,96	2.116,55	»	»	8.699	682
47	210,22	2.201,41	»	»	8.652	666
48	213,33	2.287,09	1.*10*.18	— 0,972	8.626	642
49	216,74	2.376,94	»	»	8 588	624
50	220	2.466,80	»	»	8.545	611
51	223,14	2.556,67	»	»	8.499	598
52	226,16	2.646,54	»	»	8.450	586
53	229,43	2.736,42	»	»	8.398	589
54	232,59	2.826,30	»	»	8.344	592
55	235.63	2.920,34	1.*10*.19	— 0,224	7.851	788
56	238,57	3.015.34	»	»	7.817	772
57	241,76	3 110,33	»	»	7.780	770
58	244,83	3.205,33	»	»	7.742	766
59	247,80	3.300,32	»	»	7.701	763
60	250,67	3.395,32	»	»	7.659	760
61	253,77	3 491,98	1.*10*.20	+ 0,550	7.786	687
62	256,78	3.591,95	»	»	7.748	685
63	259,68	3.691.92	»	»	7.708	682
64	262,50	3.791,89	»	»	7.667	680
65	265,34	3.891,86	»	»	7.623	686
66	268,18	3.992,26	1.*11*.21	+ 0,598	7.604	681

t	S	M	*N*	*δ*	*a*	*b*
67	271,34	4.097,22	»	»	7.568	676
68	274,12	4.202,19	»	»	7 532	674
69	277,11	4.307,16	»	»	7.494	679
70	280	4.412,13	»	»	7.455	683
71	282,82	4 517,10	»	»	7.415	687
72	285,56	4.622,45	1 11.22	+ 1,409	7.726	529
73	288,49	4.732,28	»	»	7.686	535
74	291,35	4.842,11	»	»	7.645	541
75	294,13	4.951,95	»	»	7.603	547
76	296,84	5.061,78	»	»	7.561	551
77	299,74	5 171,64	»	»	7 518	563
78	302,57	5.281,49	»	»	7.475	574
79	305,32	5.394,19	1.11.23	+ 2,239	7 770	424
80	308	5.508,82	»	»	7.727	430
81	310 87	5.623,47	»	»	7.683	442
82	313,66	5.738,13	»	»	7.639	453
83	316,39	5.852,79	»	»	7.594	461
84	319,05	5.971,11	1 12.24	+ 2,233	7.590	453
85	321,88	6.090,74	»	»	7.550	464
86	324.65	6.210,34	»	»	7.510	473
87	327,36	6.330,03	»	»	7.470	482
88	330	6 449,70	»	»	7.430	490
89	332,81	6 569,36	»	»	7.390	503

l	S	M	N	δ	a	b
90	335,56	6.691,54	1. *12*.25	+ 3,190	7.656	370
91	338,24	6.815,91	»	»	7.615	379
92	340,87	6.940,30	»	»	7.574	388
93	343,66	7.064,71	»	»	7.533	402
94	346,38	7.189,13	»	»	7.491	415
95	349,05	7.313,56	»	»	7.450	428
96	351,67	7.439,26	1. *13*.26	+ 3,308	7.449	420
97	354,43	7.568,65	»	»	7.412	431
98	357,14	7.698,05	»	»	7.374	442
99	359,80	7.827,47	»	»	7.337	452
100	362,40	7.956,89	»	»	7.299	463
101	365,15	8.088,65	1. *13*.27	+ 4,185	7.542	342
102	367,84	8.222,73	»	»	7.504	353
103	370,49	8.356,83	»	»	7.466	364
104	373,08	8.490,95	»	»	7.428	375
105	375,81	8.625,08	»	»	7.390	388
106	378,49	8.759,23	»	»	7.352	402
107	381,12	8.894,61	1 *13*.28	+ 5,071	7.585	285
108	383,70	9.033,36	»	»	7.547	295
109	386,42	9.172,14	»	»	7.508	310
110	389,00	9.312,91	1. *14*.29	+ 3,966	7.151	473
111	391,73	9.457,17	»	»	7.122	479
112	394,25	9.601,43	»	»	7.092	486

l	S	M	*N*	δ	*a*	*b*
113	396,99	9.745,71	»	»	7.063	494
114	399,65	9.890,01	»	»	7.033	503
115	402,26	10.034,31	»	»	7.003	511
116	404,83	10.182,51	1.*14*.30	+ 4,867	7.214	405
117	407,52	10.331,46	»	»	7.183	415
118	410,17	10.480,43	»	»	7.153	424
119	412,77	10.630,18	1.*15*.31	+ 4,274	6.971	503
120	415,33	10.784,39	»	»	6.945	509
121	418,02	10.938,61	»	»	6.920	515
122	420,65	11.092,84	»	»	6 895	521
123	423,25	11.247,10	»	»	6 869	527
124	425,81	11.401,34	»	»	6.843	533
125	428,48	11.557,78	1.*15*.32	+ 5,187	7.037	439
126	431,11	11.716,68	»	»	7.011	446
127	433,70	11.875,60	»	»	6.985	452
128	436,25	12.034,55	»	»	6.958	460
129	438,92	12.193,54	»	»	6.932	468
130	441,54	12.357,71	1.*16*.33	+ 4,606	6.776	535
131	444,12	12.521,89	»	»	6.754	539
132	446,67	12.686,08	»	»	6.731	544
133	449,32	12.850,28	»	»	6.709	550
134	451,94	13.014,50	»	»	6.686	537
135	454,52	13.181,96	1.*16*.34	+ 5,529	6.865	469

l	S	M	N	δ	a	b
136	457,06	13.350,85	»	»	6.842	474
137	459,71	13.519	»	»	6.819	481
138	462,32	13.690,77	1.*17*.35	+ 4,457	6.573	590
139	464,89	13.865,05	»	»	6.555	592
140	467,43	14.039,33	»	»	6.536	596
141	470,07	14.213,62	»	»	6.518	600
142	472,68	14.387,93	»	»	6.499	604
143	475,24	14.566,22	1.*17*.36	+ 5,[illegible]89	6.665	523
144	477,78	14.745,20	»	»	6.646	527
145	480,41	14 924,18	»	»	6.627	532
146	483,01	15 104,78	1.*18*.37	+ 4,324	6.405	628
147	485,58	15.289,13	»	»	6.390	629
148	488,11	15 473,35	»	»	6.375	630
149	490,74	15.657,87	»	»	6.359	634
150	493,33	15.842,25	»	»	6.343	637
151	495,89	16.029,41	1.*18*.38	+ 5,263	6.499	561
152	498,42	16.218,50	»	»	6.483	563
153	501,05	16.407,60	»	»	6.466	568
154	503,64	16.599,50	1.*19*.39	+ 4,205	6 265	654
155	506,19	16.793,99	»	»	6.252	654
156	508.72	16.988,44	»	»	6.239	655
157	511,34	17.182,85	»	»	6.226	657
158	513,92	17.377,30	»	»	6.213	658

l	S	M	*N*	δ	*a*	*b*
159	516,48	17.573,45	1.*19*,40	+ 5,150	6.358	589
160	519	17.773.18	»	»	6.345	589
161	521,62	17.971,79	»	»	6.331	592
162	524,20	18.174,99	1.*20*.41	+ 4,098	6.147	669
163	526,75	18.379,47	»	»	6.136	669
164	529,27	18.583,95	»	»	6.125	669
165	531,88	18.788,44	»	»	6.113	671
166	534,46	18.992,94	»	»	6.102	673
167	537	19.197,44	»	»	6.088	675
168	539,53	19.407,39	1.*20*.42	+ 5,048	6.227	607
169	542,13	19.616,63	»	»	6.215	608
170	544,71	19.831,11	1.*21*.43	+ 4,000	6.045	680
171	547,25	20.045,64	»	»	6.036	679
172	549,77	20.260,17	»	»	6.026	678
173	552,38	20.474,70	»	»	6.016	679
174	554,95	20.689,17	»	»	6.006	680
175	557,49	20.903,63	1.*21*.44	+ 4,955	6.136	618
176	560	21.122,74	»	»	6.126	618
177	562,60	21.342,78	1.*22*.45	+ 3,911	5.966	685
178	565,16	21.567,35	»	»	5.958	684
179	567,71	21.791,91	»	»	5.950	683
130	570,22	22.016,48	»	»	5.941	683
181	572,82	22.241,06	»	»	5.933	682

l	S	M	N	δ	a	b
182	575,39	22.465,64	»	»	5.924	683
183	577,93	22.690,23	»	»	5.915	683
184	580,44	22.918,56	1.22.46	+ 4,870	6.038	624
185	583,03	23.149,52	1.23.47	+ 3,830	5.889	686
186	585,59	23.384,12	»	»	5.882	685
187	588,08	23.618,73	»	»	5.875	683
188	590,64	23.853,34	»	»	5.867	683
189	593,23	24.087,95	»	»	5.860	683
190	595,70	24.322,56	»	»	5.852	683
191	598,33	24.557,18	»	»	5.845	682
192	600,84	24.794,80	1.23.48	+ 4,791	5.988	615
193	603,42	25.036,60	1.24.49	+ 3,755	5.822	684
194	605,98	25.281,23	»	»	5.815	684
195	608,52	25.525,87	»	»	5.809	682
196	611,02	25.770,50	»	»	5.803	680
197	613,61	26.015,15	»	»	5.796	680
198	616,16	26.259,79	»	»	5.789	680
199	618,69	26.504,44	»	»	5.782	680
200	621,20	26.749,27	1.24.50	+ 4,720	5.893	627
201	623,78	27.003,90	1.25.51	+ 3,686	5.762	681

TABLEAU II

TRAIN RÉGLEMENTAIRE POUR LA VOIE ÉTROITE DE UN MÈTRE

l	S	M	*N*	*δ*	*a*	*b*
1	14	3,5	*3*	0	28.000	0
2	16,50	7	»	0	14.000	0
3	19	11,28	2.*3*	— 0,313	15.852	148
4	22,25	19	2.*3*.4	0	9 500	1.625
5	24,60	27,50	»	»	8.800	1.040
6	27,50	36,57	1.*3*.4	— 0,286	9 930	203
7	29,57	48,50	1 *3*.5	0	7.918	530
8	31,25	61	»	»	7.625	188
9	33,33	73,50	»	»	7.259	148
10	35	86	»	»	6.880	120
11	37,27	98,50	»	»	6 512	264
12	39,58	111	»	»	6.167	430
13	41,92	123,50	»	»	5.847	602
14	44,64	137,46	1.*3*.6	+ 0,583	6.676	281
15	47,33	152,36	»	»	6.369	474
16	50	169,06	1.*4*.8	+ 0,844	6.603	384
17	52,94	188,85	»	»	6.444	471
18	55,56	209,02	1.*4*.9	+ 1,306	7.062	159
19	57,89	231,07	»	»	6.883	182

l	S	M	N	δ	a	b
13	41,92	116,57	1.3.6	+ 0,583	6.658	427
14	44,64	131,46	»	»	6.385	572
15	47,33	148,10	1.4.7	+ 0,357	5.805	722
16	50	166,06	1.4.8	+ 0,844	6.486	501
17	52,94	185,85	»	»	6.341	574
18	55,56	206,54	1.5.9	+ 0,536	5.793	787
19	57,69	230,26	1.5.10	+ 1,000	6.389	422
20	60	255	»	»	6.296	371
21	62,38	279,76	»	»	6.200	366
22	64,55	306,03	1.6.11	— 0,455	5.504	617
23	66,52	333,49	»	»	5.467	556
24	68.33	360,95	»	»	5.416	502
25	70,40	388,41	»	»	5.354	489
26	72,31	415,87	»	»	5.285	479
27	74,08	443,34	»	»	5.210	469
28	75,72	470.81	»	»	5.132	458
29	77,59	500,11	1.6.12	+ 0,167	4.868	545
30	79,33	530,11	»	»	4.818	530
31	80,97	560,11	»	»	4.765	516
32	82,50	590,10	»	»	4.708	503
33	84,24	620,10	»	»	4.649	508
34	85,88	652,54	1.7.13	— 0,096	4.567	513
35	87,43	685,03	»	»	4.523	501

l	S	M	N	δ	a	b
36	88,89	717,53	»	»	4.477	488
37	90,54	750,03	»	»	4.428	492
38	92,11	782,53	»	»	4.379	494
39	93,59	815,03	»	»	4 329	495
40	95	847,53	»	»	4 279	496
41	96,59	882,30	1.7.14	+ 0,821	4.557	363
42	98,10	917,25	»	»	4.505	356
43	99,53	952,19	»	»	4.453	351
44	100,91	987,14	»	»	4.401	363
45	102,44	1.022,10	»	»	4.350	375
46	103,92	1 057,12	»	»	4.298	388
47	105,32	1.094,58	1.8.15	+ 0,833	4.261	385
48	106,67	1.132,03	»	»	4.226	390
49	108,17	1.169,49	»	»	4.176	394
50	109,60	1.206,95	»	»	4.133	398
51	110,98	1.244,42	»	»	4.091	408
52	112,31	1.283,13	1.8.16	+ 1,625	4.147	368
53	113,76	1.322,97	»	»	4.109	374
54	115,18	1.362,82	»	»	4.071	380
55	116,55	1.402,68	»	»	4.033	386
56	117,86	1.442,54	»	»	3.994	392
57	119,30	1.482,41	»	»	3.956	402
58	120,69	1.522,47	1.8.17	+ 2,441	4.310	228

l	S	M	N	δ	a	b
59	122,04	1.564,67	»	»	4.274	236
60	123,33	1.606,88	»	»	4.231	244
61	124,76	1.649,11	»	»	4.189	257
62	126,13	1.691,34	»	»	4.147	269
63	127,46	1.733,58	»	»	4.106	280
64	128,75	1.777,97	1.9.18	+ 2,528	4.094	275
65	130,16	1.822,69	»	»	4.058	285
66	131,52	1.867,43	»	»	4.022	295
67	132,84	1.912,16	»	»	3.987	302
68	134,12	1.956,91	»	»	3.952	310
69	135,51	2.001,67	»	»	3.916	322
70	136,86	2.048,54	1.9.19	+ 3,382	4.098	229
71	138,17	2.095,60	»	»	4.063	239
72	139,44	2.142,67	»	»	4.028	247
73	140,83	2.189,76	»	»	3.993	259
74	142,22	2.236,86	»	»	3.958	272
75	143,47	2.283,17	1.9.20	+ 4,250	4.130	183
76	144,71	2.332,40	»	»	4.095	194
77	146,11	2.381,91	»	»	4.061	205
78	147,44	2.431,31	»	»	4.027	216
79	148,74	2.480,73	»	»	3.993	227
80	150	2.530,38	1.10.21	+ 4,381	3.980	222
81	151,35	2.582,26	»	»	3.959	231

l	S	M	*N*	δ	*a*	*b*
82	152,69	2.634,15	»	»	3.929	241
83	153,98	2.686,06	»	»	3.899	249
84	155,24	2.737,98	»	»	3 869	258
85	156,59	2.789,91	»	»	3.840	268
86	157,91	2.841,87	»	»	3.811	278
87	159,20	2.895,33	1.*10*.22	+ 5,273	3.963	202
88	160,46	2.949,53	»	»	3.933	210
89	161,80	3.003,74	»	»	3.904	221
90	163,11	3.059,52	1.*11*.23	+ 4,174	3.671	324
91	164,39	3.116,53	»	»	3.650	328
92	165,65	3.173,55	»	»	3.628	332
93	166,99	3.230,58	»	»	3.607	338
94	168,30	3.287,63	»	»	3.585	345
95	169,58	3.345,28	1.*11* 24	+ 5,083	3.719	279
96	170,84	3.404,60	»	»	3.697	284
97	172,17	3.463,93	»	»	3.675	290
98	173,47	3.525,82	1.*12*.25	+ 4,000	3.482	373
99	174,75	3.587,90	»	»	3.466	375
100	176	3.650	»	»	3.450	377
101	177,33	3.712,10	»	»	3.434	380
102	178,63	3.774,22	»	»	3.417	384
103	179,91	3.836,33	»	»	3.401	387
104	181,15	3.900,59	1.*12*.26	+ 4,923	3.520	335

l	S	M	*N*	*δ*	*a*	*b*
105	182,48	3,965,65	1.*13*.27	+ 3,852	3.351	400
106	183,77	4.032,79	»	»	3 339	400
107	185,05	4.099,93	»	»	3.327	400
108	186,30	4.167,09	»	»	3,314	401
109	187,61	4.234,33	»	»	3.301	403
110	188,91	4 301.62	»	»	3.289	404
111	190,17	4.368,59	»	»	3.276	406
112	191,43	4.437,26	1.*13*.28	+ 4,786	3.331	382
113	192,75	4.498,09	1.*14*.29	+ 3,724	3.230	422
114	194,03	4.570,28	»	»	3.220	422
115	195,30	4 642,47	»	»	3.211	421
116	196,55	4.714,67	»	»	3.201	420
117	197,86	4 786,87	»	»	3 191	421
118	199,15	4.859,09	»	»	3.181	422
119	200,42	4.931,30	»	»	3.170	423
120	201,67	5.014,44	1.*14*.30	+ 4,667	3.275	370
121	202,98	5.090,94	1.*15*.31	+ 3,613	3.140	422

TABLE DES MATIÈRES

CHAPITRE PREMIER

MOUVEMENTS VIBRATOIRES ÉLASTIQUES DANS LES BARRES ET LES POUTRES

§ 1. — *Calcul de la période*

§ 2. — *Effets produits par l'action temporaire d'une surcharge instantanée, ou par une surcharge à variation rapide*

CHAPITRE DEUXIÈME

CONDITIONS DE STABILITÉ DES PONTS SOUS LES SURCHARGES MOBILES

CHAPITRE TROISIÈME

ÉTUDE ET DISCUSSION DU RÈGLEMENT FRANÇAIS POUR LE CALCUL ET LES ÉPREUVES DES PONTS MÉTALLIQUES

§ 2. — Renseignements généraux sur le calcul des ponts

ANNEXES

RÈGLEMENT DU MINISTÈRE DES TRAVAUX PUBLICS POUR LE CALCUL ET LES ÉPREUVES DES PONTS MÉTALLIQUES (8 JANVIER 1915)

TABLEAUX NUMÉRIQUES POUR FACILITER LE CALCUL DES PONTS-RAILS SOUS LE TRAIN D'ÉPREUVE RÉGLEMENTAIRE

LAVAL. — IMPRIMERIE L. BARNÉOUD ET Cie

ENCYCLOPÉDIE DES TRAVAUX PUBLICS *(suite)*

M. Denfer. *Architecture et constructions civiles.* Cours d'architecture de l'Ecole centrale : *Maçonnerie.* 2 vol., avec 794 figures, 40 fr. — *Charpente en bois et menuiserie.* 2e édit. 1 vol., avec 721 figures, 25 fr.— *Couverture des édifices* 1 vol., avec 423 figures, 20 fr. — *Charpenterie métallique, menuiserie en fer et serrurerie.* 2 vol., avec 1.050 figures, 40 fr. — *Fumisterie (Chauffage et ventilation).* 1 vol. de 726 pages, avec 731 figures (numérotées de 1 à 375, l'auteur affectant chaque groupe de figures d'un numéro seulement). 25 fr. *Plomberie : Eau ; Assainissement ; Gaz,* 1 vol. de 568 p. avec 391 fig. . 20 fr.

M. Dorion. *Cours d'Exploitation des mines.* 1 vol. de 692 pages, avec 1.100 figures. 25 fr.

M. Monnier. *Electricité industrielle,* cours professé à l'Ecole centrale, 2e édition considérablement augmentée, 1 vol. de 826 pages ; 404 très belles figures de l'auteur. . 25 fr.

M. Me Pelletier. *Droit industriel,* cours professé à l'Ecole centrale 1 vol. . . . 15 fr.

MM. E. Rouché et Brisse, anciens professeurs de géométrie descriptive à l'Ecole centrale. *Coupe des pierres.* 1 vol. et un grand atlas (avec de nombreux exemples). . . 25 fr.

OUVRAGES D'UN PROFESSEUR AU CONSERVATOIRE DES ARTS ET MÉTIERS

M. E. Rouché, membre de l'Institut. *Eléments de statique graphique.* 2e éd. 1 vol. 12 fr. 50

MM. Rouché et Lucien Lévy. *Calcul infinitésimal* 2 vol. de 557 et 829 p. (*Enc. indust.*) 15 fr.

OUVRAGES DE PROFESSEURS A L'ÉCOLE NATIONALE SUPÉRIEURE DES MINES

M. Aguillon. *Législation des mines, française et étrangère,* 40 fr. On vend séparément :

— La *Législation en France, dans les colonies et protectorats,* 2e édition (très augmentée), 1 très fort volume (1.011 pages plus un *supplément* de 152 pages) . . . . 25 fr.

Le *supplément* seul . . . . 5 fr.

— Les *Législations étrangères.* . . . . 15 fr.

M. Pelletan. *Lever des plans et nivellement souterrains* (Voir ci-dessus : *Durand-Claye*).

M. Chesneau. *Lois générales de la Chimie.* 1 vol. avec 37 figures. . . . . . 7 fr. 50

MM. Vicaire et Maison. *Cours de Chemins de fer de l'Ecole des Mines* : 582 p., 493 fig. 20 fr.

OUVRAGE D'UN PROFESSEUR A L'ÉCOLE NATIONALE DES EAUX ET FORÊTS

M. Thiéry. *Restauration des montagnes,* avec une *Introduction* par M. Lechalas père. 2e édition augmentée. Vol de 480 pages, avec 127 figures et 5 tables graphiques . . . . 16 fr.

OUVRAGES DE DIVERS AUTEURS

M. Charpentier de Cossigny, ingénieur civil des mines, lauréat de la Société des agriculteurs de France. *Hydraulique agricole.* 2e édit., 1 vol., avec 160 figures . . 15 fr.

M. Degrand, inspecteur général honoraire des ponts et chaussées. *Ponts en maçonnerie* (Voir ci-dessus : *J. Résal*).

M. Doniol, inspecteur général des ponts et chaussées en retraite. *Réglementation des chemins de fer d'intérêt local, des tramways et des automobiles.* 1 vol. avec figures. 10 fr.

— *Complément à l'ouvrage ci-dessus* . . . . 3 fr.

M. le Dr Duchesne, ancien président de la Société de médecine pratique. *Hygiène générale et Hygiène industrielle,* ouvrage rédigé conformément au programme du *Cours d'hygiène industrielle* de l'Ecole centrale. 1 vol. de 740 pages, avec figures . . 15 fr.

M. L. Fargue, inspecteur général des ponts et chaussées en retraite. *Hydraulique fluviale. La forme du lit des rivières à fond mobile,* 1 volume de 187 pages avec 15 planches hors texte et de nombreuses figures dans le texte . . . . 9 fr.

M. Henry (Ernest), inspecteur général des ponts et chaussées. *Théorie et pratique du mouvement des terres, d'après le procédé Bruckner.* 1 vol., 2 fr. 50.— *Ponts métalliques à travées indépendantes : formules, barèmes et tableaux.* 1 vol. de 639 pages, avec 267 figures, 20 fr.— *Traité pratique des chemins vicinaux,* 2e édit., volume de près de 900 pages 25 fr.

M. Maurice Koechlin, ingénieur. *Applications de la statique graphique.* 1 vol., avec 311 figures et 1 atlas de 34 planches, seconde édition, revue et très augmentée, 30 fr. — *Recueil de types de ponts pour routes.* 1 vol. de 300 pages et un atlas. . . . 25 fr.

M. Lallemand, de l'Institut, inspecteur général des mines. *Nivellement de précision* (Voir ci-dessus *Durand-Claye*).

M. Lavoinne. *La Seine maritime et son estuaire,* 1 vol., avec 49 figures. . . . 10 fr.

(Voir la suite ci-après)

ENCYCLOPÉDIE DES TRAVAUX PUBLICS *(suite)*

M. Lechalas père, inspecteur général des ponts et chaussées. *Hydraulique fluviale*. 1 vol. avec 78 figures. 17 fr. 50. — *Des conditions générales d'établissement des ouvrages dans les vallées* (Voir ci-dessus : *J. Résal et Degrand*; c'est l'introduction à leur *Traité des Ponts en maçonnerie*).

M. Lechalas fils, ingénieur en chef des ponts et chaussées. *Manuel de droit administratif*. Tome I, 20 fr.; tome II, 1re partie, 10 fr.; tome II, 2e partie . . . . 10 fr.

M. Lévy-Lambert, ingénieur, chef de service au chemin de fer du Nord. *Chemins de fer à crémaillère*. 2e édition. 1 vol. de 379 pages avec 136 fig. 15 fr. — *Chemins de fer funiculaires, Transports aériens*, 2e édit. 1 vol. de 526 p., avec 212 fig. 15 fr.

M. Levgue, ancien ingénieur auxiliaire des travaux de l'État, agent-voyer en chef de la province d'Oran. *Chemins de fer. Notions générales et économiques*. 1 vol. de 617 pages, avec figures . . . . 15 fr.

M. P. Niewenglowski, ingénieur au corps des mines. *Précis d'électricité*. 1 vol. de 200 pages avec 64 figures . . . . 6 fr.

M. E. Pontzen, ingénieur civil (l'un des auteurs de *Les chemins de fer en Amérique*) : *Procédés généraux de construction : Terrassements, tunnels, dragages et dérochements*. 1 vol. de 572 pages, avec 234 figures (médaille d'or à l'Exposition de 1900). . 25 fr.

M. Tarbé de Saint-Hardouin, inspecteur général des ponts et chaussées, ancien directeur de l'École de ce corps. *Notices biographiques sur les ingénieurs des ponts et chaussées*. un vol. . . . . 5 fr.

M. N. de Tédesco, ingénieur. *Recueil de types de ponts pour routes en ciment armé*. 1 vol. de 307 pages avec atlas . . . . 25 fr.

Chaque ouvrage se vend séparément tel aussi chaque volume des ouvrages qui en comprennent plusieurs. Il n'y a pas de numérotage général des volumes formant la collection.

Les ouvrages entrant dans les *Encyclopédies des Travaux publics* et *Industrielle* sont en vente chez Ch. Béranger et chez Gauthier-Villars.

COURS D'ÉCONOMIE POLITIQUE

Professé à l'École Nationale des Ponts et Chaussées

Par C. COLSON, Conseiller d'État,
Inspecteur général des Ponts et Chaussées.
Membre de l'Académie des sciences morales et politiques

Édition définitive { Livre I : *Théorie générale des phénomènes économiques*. 547 pages. Livre II : *Le travail et les questions ouvrières*. 531 pages.

Livre III : *La propriété des biens corporels et incorporels*. En réimpression.
Livre IV : *Les entreprises, le commerce et la circulation*.
Livre V : *Les Finances publiques et le budget de la France*. 2e édition 1909.
Livre VI : *Les travaux publics et les transports*. 2e édition 1910.

En réimpression. Chaque livre est vendu séparément 6 francs, sauf le livre III qui est épuisé. Un Supplément, contenant les chiffres des livres IV, V, VI, mis à jour avant la guerre, est en vente pour 1 fr.

LAVAL. — IMPRIMERIE L. BARNÉOUD ET Cie

www.ingramcontent.com/pod-product-compliance
Ingram Content Group UK Ltd.
Pitfield, Milton Keynes, MK11 3LW, UK
UKHW020130220726
13923UKWH00001B/92